用 文 字 照 亮 每 个 人 的 精 神 夜 空

数字经济时代
MBA口袋课

逻辑思维

〔日〕顾彼思商学院 著

〔日〕冈重文 执笔

邓伟权 译

天津出版传媒集团

天津人民出版社

图书在版编目 (CIP) 数据

逻辑思维 / 日本顾彼思商学院著；(日) 冈重文执笔；邓伟权译 . -- 天津 : 天津人民出版社，2023.10
（数字经济时代 MBA 口袋课）
ISBN 978-7-201-19768-5

Ⅰ . ①逻… Ⅱ . ①日… ②冈… ③邓… Ⅲ . ①逻辑思维 Ⅳ . ① B804.1

中国国家版本馆 CIP 数据核字 (2023) 第 171857 号

［POCKET MBA］LOGICAL THINKING
Copyright 2017 by GLOBIS
All rights reserved.
First original Japanese edition published by PHP Institute, Inc., Japan.
Chinese translation rights arranged with PHP Institute, Inc., Japan.
through CREEK & RIVER CO., LTD. and CREEK & RIVER SHANGHAI CO., Ltd.
图字02－2022－187号

逻辑思维
LUOJI SIWEI

出　　版	天津人民出版社
出 版 人	刘　庆
地　　址	天津市和平区西康路 35 号康岳大厦
邮政编码	300051
邮购电话	（022）23332469
电子信箱	reader@tjrmcbs.com
责任编辑	李　荣
封面设计	欧阳颖
印　　刷	北京金特印刷有限责任公司
经　　销	新华书店
开　　本	889 毫米 ×1194 毫米　1/32
印　　张	7.25
字　　数	112 千字
版次印次	2023 年 10 月第 1 版　　2023 年 10 月第 1 次印刷
定　　价	49.80 元

前　言

　　我在顾彼斯商学院（GLOBIS）担任"逻辑思维"这一科目的讲师已达十五年，在此期间我觉得有三个问题需要注意。

　　第一个是"执着于证明自己正确"。

　　第二个是"不能正确理解，自己为何思考"。

　　第三个是"没有常问自己'确实如此吗'这个问题"。

　　我们首先来看看第一个问题"执着于证明自己正确"。这是个非常重要的问题。在这里，必须预先思考两个论点。

　　1. 自己思考的问题是否具有可以断言为"正确"的性质。

　　2. 在组织中工作时，为证明"自己正确"有必要花费精力到何种程度？

前者是理解"逻辑思维"时有必要预先提出的重要论点；而后者则是在另一种情况下，阐明"逻辑地思考"的含义的论点，这种情况就是考虑在组织中工作，换句话说，就是在考虑借用他人之力时如何行事才能取得更好的结果。

本书的第1章便从"何谓'逻辑地思考'"这一题目起笔。

接下来我们来探讨第二个问题"不能正确理解，自己为何思考"。

这个问题说的是，能够充分理解"现在自己想做什么"。其实能够充分理解"现在想进行的行为"，并意识到该行为的种种含义，且能够用言语表述清楚的人出人意料地少。

因此，本书第2章之后的章节，从思考的行为当中选出对商务场景必要的四个行为作为视角来分别深度挖掘、考量现在的思考究竟是：

1. "分析"吗？

2. "评价"吗？

3. "假说"吗？

4. "选择"吗？

大家可能会提出诸如"真的只有这四个思考行为吗？""不是无法单独区分出来吗？"之类的质疑，这些质疑是有道理的，思考行为当然不止上述四种，而且从实际来看，人是运用复合的思考行为来进行思考的。

另一方面，举例来说，进行"区分根据什么来思考＝分析"时，所被要求之点和进行"决定什么＝选择"时所被要求之点是不同的；而且即使说人的思考行为是复合的，但该行为是各类具体思考这些"基本单位"的叠加，也是不容忽视的事实。因此，决定将这四个"思考"特意提出来加以讨论。

最后，我们来谈一下第三个问题"没有经常问自己'确实如此吗'这个问题"。

关于"逻辑思维"的具体事例，将在正文中提及，这里先简单说一下，要想把它做得漂亮是很麻烦的，无论如何都是有必要下点功夫的行为。而且，它还是一个人们在心里明白但最终往往易于在行动上懈怠的题目。举个例子来说的话，心里想着要减肥，实际上最终却怠于努力，事情变得和节食一样艰难。

像"这样做的话，谁都可以瘦下来"那样的终极节食法难以成立。同理，要说掌握逻辑思维有什么"绝招"亦非确事。在本书中，笔者尽量用浅显易懂的语言来表述"'确实如此'这个问题"和"稍下功夫的话，应如何行事为宜"。

在第2章以降处理的"分析""评价""假说""选择"这四个题目中，我们将顺序考察"可靠的思考是一种什么样的思考""好的思考应该注意什么"这一努力的方向性以及"在组织中实际运用时应提前意识到什么"等问题。

接着，在最后一章中，我们再次考察"所谓'逻辑地'为何"这一问题。

那么，还是让我们早点放弃错误的努力，开始对"温柔可爱的"逻辑思维的说明吧。

目 录

第1章 何谓"逻辑地思考"

002·根据对手,"何谓逻辑地""也"会变

009·加强"根据"的方法

019·组织的目标在于"达成共识"

023·"逻辑"是为了什么

第2章 打磨"分析"的感觉

028·"分析、评价、假说、选择"——思考的顺序

031·为了进行分析,要掌握"分解之型"

058·进行分析之际要注意这里!

072·让我们来试着分析!

第3章 评价——让思考过程透明化

084·商务中的所谓评价是要判断"是好""是坏"

095·那个"评价"恰当吗?

106·进行"评价"时,请注意这里!

第4章 提高"假说"的精确度

118·以事实为起点,建立假说

123·所谓"假说"是怎样的思考?

128·所谓面向现在的假说就是"类推"

131·所谓面向过去的假说就是选择特定的"因果"

149·所谓面向未来的假说就是"预测"

164·提高"假说"精确度的当务之急

第5章 "选择"这个大问题
——最终如何决断为宜?

170·在思考中选择

175·分析"选择"的思考过程

189·提高选择的"精度"

第6章 让我们从"逻辑地"开始吧

206·意识到分析、评价、假说和选择,
就会变得有逻辑吧

213·"优雅的"逻辑思维

后记

第1章

何谓 "逻辑地思考"

根据对手，
"何谓逻辑地""也"会变

◎ 所谓逻辑地，换句话说，就是能否给自己的主张添加有说服力的根据

那么，我们来假定一下，你们在讨论派谁来担任新项目的领导合适。你的脑海里浮现出 A 君的身影，你试着推荐他。

你："我认为 A 君可以。"（1）

课长："原来如此。你为何会这样认为？"

你："对，因为我认为 A 君能胜任这个职位。"（2）

课长："所谓胜任指的是？"

你："因为 A 君一直努力工作。"（3）

课长："你说得对，他确实很努力啊。不过，要说努力的话，其他人也是这样啊，仅仅说努力这一点，有点难以判断是否能胜任啊……"

你："您这样说的话，（我要补充一点）A君的业绩最好。"（4）

这段对话看起来有点像笑话，但在实际生活中，尽管程度有差异，同样的事情不是也在频繁发生吗？

在这里，关于"你认为A君可以"的主张，让我们先来整理一下其中具体包含的逻辑。

首先，我们来看（1）"我认为A君可以。"这是你的主张。自己主张什么是明确的，这自然没有问题。接下来，课长的问题就像"是这样吗？"那样自然，是作为听众的正常反应，"为什么？"这一疑问喷涌而出。为了回答"为什么"这个问题，有必要预先准备成套的能支撑自己主张的根据。

（2）"对，因为我认为A君能胜任这个职位。"这个回答，乍看像是用理由回答了问题，实际上却没有任何内容。对于"你为何会这样认为？"这一提问，用"因为我认为 A 君能胜任这个职位。"来回答，简直就像"因为认为可以，所以认为可以"一样，是同义反复。

到了（3）"因为 A 君一直努力工作。"才第一次提出了"因为努力工作"这一理由。但是，这个理由能否被接受另当别论。借用课长的话来说，因为在"努力"方面和别人相比难以说有大的差别，我们可以判断，将此作为证据显得薄弱。

到了（4）"A 君的业绩最好"，情况有所改变，在与他人对比的意义上，终于提出了业绩这一视角，但由于没有更具体地说明取得的业绩是什么，所以无法成为充分的证据。

正如上述分析所示，重要的是对自己的主张是否有根据，以及人们听了根据以后能否对主张"点头称是"。

也就是说，所谓"符合逻辑的"，从根本上说，可以归结为"是否对主张添加了有说服力的根据"。

◎不存在100%的逻辑

那么，为了让其具有说服力，何种证据为宜呢？我们来看几种类型：

〈类型1〉

我认为 A 君可以。

之所以这样说，是因为他"业绩第一""能力超群""值得信赖"。

我们来看一下，刚才只提到了业绩，现在加上了"能力"和"信赖"两个因素。尽管还留有"将业绩具体化""将能力具体化""将值得信赖到何种程度具体化"的余地，但相比只将业绩作为根据，通过增加"能力"和"信赖"两个因素，不是增加了说服力吗？

那么，我们在此基础上再加上"他本人对做这个职位有强烈的意愿"和"组长对他有良好评价"这两个根据来看一下。

我认为 A 君可以。

之所以这样说，是因为他"业绩第一""能力超群""值得信赖""他本人对做这个职位有强烈的意愿"和"组长对他有良好评价"。

通过将根据由三个增加到五个，我们增强了说服力。

那么，假定数量的增加会加强说服力的话，增加到几个为好呢？七个、八个、九个……不断增加，不仅没有尽头，而且人们还容易反过来问："那么，究竟哪个根据重要呢？"

从这里我们可以看出两点：一是关于所举根据的数量，有一个应画休止符的点；二是不管我们如何努力去增加根据，都达不到百分之百。

我们再来看一个相同的类型。

〈类型2〉

我认为 A 君可以。

之所以这样说，是因为"和 A 君类似的 B 君也做得很好""和 A 君类似的 C 君也做得很好""和 A 君类似的 D 君也做得很好"。

如果只列举 B 君作为根据，就有被反唇相讥为"只有一个人和他类似啊"的可能性，那么要回答列举几个人为好的问题，就和类型1一样，就必须找到一个"再列举比这个数量更多的人，也无法增强说服力"的临界点。

接下来，我们来看一个不同的类型。

〈类型3〉

我认为 A 君可以。

之所以这样说，是因为"这对他本人的成长很有意义""这对组织的成长也很有意义"。

或者……

〈类型4〉

之所以这样说，是因为"从短期来看，可以预见该项目业绩的提高""从中长期来看，可以预见成员的成长"。

那么，类型3和类型4如何呢？类型3以他本人的成长和组织的成长为视角，以对对象（个人和组织）有好处为根据来立论。类型4的视角则是短期和中长期这一时间轴。

这两个类型，尽管各自还存留着具体是怎样的成长和成果、将根据更具体化的余地，但对对象轴和时间轴的罗列本身就对人有说服力。

那么，从类型1到类型4，哪个类型作为根据最具有说服力呢？

·列出因素的类型1

·展示成功事例的类型2

·按照对象思考的类型3

·以时间为轴的类型4

　　非常遗憾，以上所列的所有类型一概不属于说服力强的类型。还有，我们不能否认根据报告对象的不同反应会有形形色色的可能性，正如既有喜欢类型1的对象，也有认为类型3说服力强的对象所显示的那样。

　　结果，关于何种类型为宜，就只剩下"个别论"和"相对论"这两种理论。前者认为，不同对象适用不同的类型；后者认为，任何类型都可以改善，但能够改善到何种程度有一个限度。因此，具有百分之百的说服力，本来就是至难之事。然而，不能因此就说，给自己的主张赋予根据是不必要的，这一点无需多言。当此之际，重要的是，不要过于追求完美。

加强"根据"的方法

◎从全局看用何种结构来赋予根据

让我们再重新看一下刚才的例子。即使不以百分之百的完美性为目标，预先理解自己应该以何种结构来赋予根据也是非常重要的。

类型1的场合，理应排列因素，因此，以"是否漏掉了重要的因素"作为检查根据时的着眼点是重要的。还有，列举因素时，例如，列举十个，在现实中很困难。这样的话，就要求我们在可能成为根据的因素之中，根据重要性"按照从前到后的顺序恰当排列"。

在显示复数成功事例的类型2中，通过列举与A君类似的人来展开论证。在这里，还要注意诸如"与A君的哪里类似呢？""难道不是他本人具有而A君不具有的资质在起作用吗？""B君的活跃不是偶然为之吗？"之类的问题。

在考察按照对象思考的类型3时，有必要检查"所举对象分为个人与组织，这是否恰当？""就本项目而论，在个人与组织以外，就没有应该提前举出的对象吗？""在个人之中，是否有进一步划分的余地？""在组织之中，是否有进一步划分的余地？"

以时间为轴进行整理的类型4也是一样，在更精微思考根据时，被要求回答"划分为短期和中长期恰当吗？""所谓短期指的是多长的时间？""这个时间的设定是否恰当？"等问题。

一旦像刚才那样从全局看用何种结构来赋予根据，我们就会明白，为了强化根据，什么是必要的。

◎【加强根据的方法①】简单搜寻直接的数据

在这里，我们试着来思考一下如何加强根据为好。

作为练习，我们试着来思考一下如何为"伴随着高龄化，对电子书籍的需要会增加"这一主张赋予根据。

首先，最简单的思考方法是找出支撑主张的直接事实。在这个案例中，如果有"一旦达到某种程度的高龄，对电子书籍的需求就（比其他年龄段）高"的数据，这就会成为强有力的根据（图表1-1）。

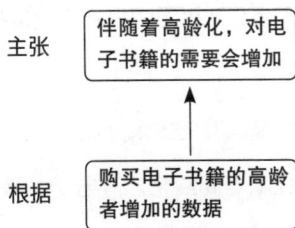

主张　　　伴随着高龄化，对电子书籍的需要会增加

　　　　　　　　　↑

根据　　　购买电子书籍的高龄者增加的数据

图表1-1

然而，高龄化正在进展的数据和对电子书籍的需求在增长的数据可能是分别存在的。尽管如此，能够显示两者之间有因果关系的容易入手的数据却不可胜数。

既然如此，如果能通过面向高龄者的类似问卷调查的措施，得到"此后想试着使用电子书籍"倾向的材料的话，这就会成为能够证明主张的一个根据。但是，这种材料是否存在另当别论。

作为最简单的方法，我们还是要试着寻找是否有支撑主张的直接数据。

◎【加强根据的方法②】分成几个部分，以小的单位为思考范围

那么，在没有直接数据也无法得到有效情报的情况下，我们该如何是好呢？

当此之际，我们来试着把主张分成几个部分。

如果我们将"伴随着高龄化，对电子书籍的需要会增加"这一主张仔细划分的话，可以分为三个部分（图表1-2）。

通过这样的划分，就没有必要一口气对整个主张赋予根据。因为对小的单位赋予根据相对容易操作。第一个部分"高龄化正在进展"的根据，通过显示人口动态，就可能用数据比较简单地赋予其根据。

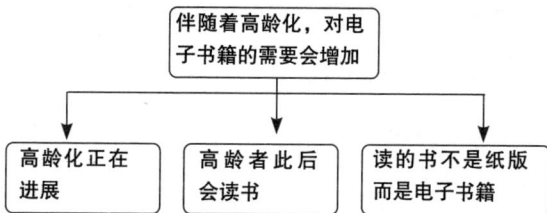

图表1-2

◎【加强根据的方法③】排除其他的可能性

在这里，就前项将主张所划分的三个部分中的"伴随着高龄化，想读书的人会增加"这个部分，试着思考给其赋予根据。

作为"伴随着高龄化，想读书的人会增加"的根据，首先能够简单想到的是"因为余暇时间增加了"。

于是表述就成了"伴随着高龄化，'因为余暇时间增加了'，所以想读书的人会增加"。

然而，在这里，我们有必要进行更仔细的检查。尽管说了"因为余暇时间增加了"，却并没有确保增加的闲暇时间都被用于读书。读书也许是增加的时间的目的地之一，但要断言"因为休息时间增加了，所以读书的人就会增加"，这多多少少会给人留下草率的印象。

因此，在这种情况下，积极地思考"增加的时间都有哪些用途"，在此基础上，如果能够讲好读书为何被选择的故事，就会更有说服力。

那么，如果增加的时间被用于读书以外的话，会用于何处呢？与高龄者这一特殊身份对照起来考虑的话，也就是"旅行"或者"爱好""运动"之类的吧。因此，考虑不是旅行而是读书的理由，考虑不是爱好而是读书的理由，就会更有说服力。

比如说，考虑旅行需要花费相应的费用，而爱好和运动对于初学者门槛比较高，或诸如此类的理由。

这样，我们就能够赋予根据如下：增加的时间有可能被用于旅行、爱好、运动和读书等方面，但是旅行相当费钱，而爱好和运动对于初学者来说门槛高。与此相反，因为读书相对来说容易操作，所以伴随高龄化而来的增加的余暇时间用于读书的可能性最大（图表1-3）。

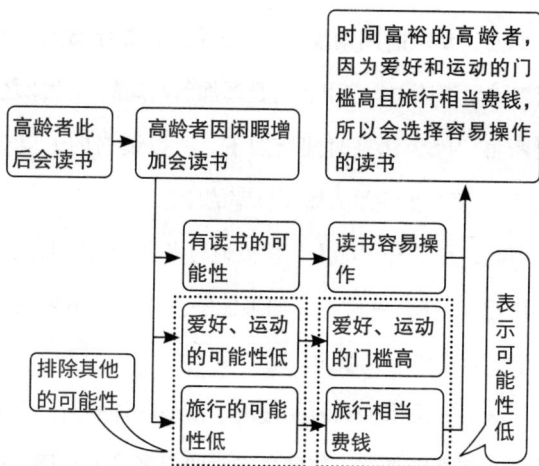

图表1-3

◎【加强根据的方法④】把诸种根据组合起来

那么，接下来我们为最后一个部分"读书的话，不读纸版而是读电子书籍"赋予根据。因为这里要求的是为"不读纸版而是读电子书籍"寻找理由，所以我们就把诸多理由一一"清理"出来。

例如，和纸版书相比，电子书籍可以轻松入手。考虑到高龄者的自身情况，和到实体书店去买纸版书相比，在网上购买电子书更加轻松，在不受实体书店的物理空间限制的意义上可以说购买的选择也有优势。

还有，此后将成为高龄者的人（退休的人），尽管有程度的差别，在公司里是在数字化的环境里工作过的一个群体，因此，似乎可以说"不读纸版而是读电子书籍"具有面向未来的理由（前瞻性）。

进而，我们还可以考虑"与他人的接触"，高龄者中希望与孙辈接触的人很多，这是不争的事实，因为孙辈所处的时代是数字化高歌猛进的时代，高龄者中积极追求数字化的人数也有增加的可能性。

从以上观点出发，我们得出结论，"读书的话，不读

纸版而是读电子书籍"这一主张可以得到以下三个根据的
支撑（图表1-4）：

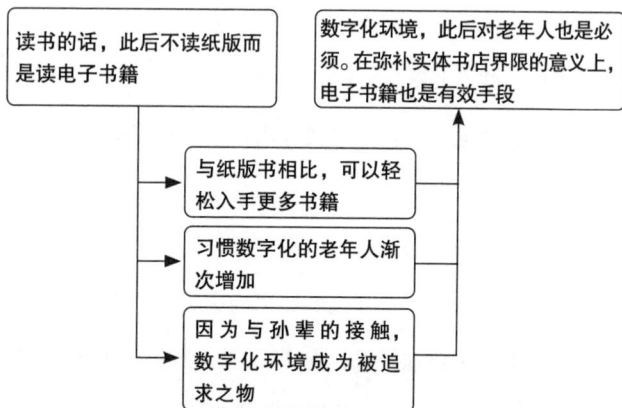

图表1-4

◎将"丰富的"证据挂念于心

行文至此，我们考察了"显示直接的数据"和"分解
为几个部分，排除其他可能性，将更多根据进行组合"这
两个方法。

将其分别整理来看的话，可以像图表1-5那样进行
总结。

寻找直接数据的方法当然也是一个有效的方法，实际

上2、3、4组合而成的方法，在有说服力地赋予根据这一点上，是更有力的方法。仔细来看的话，这种方法也有点牵强，且留下了被人批评"是否有必要也考虑其他根据的必要性"的话柄，但和仅仅寻找直接数据的方法相比，它包含了多视角所带来的意义，赋予了更丰富的根据。

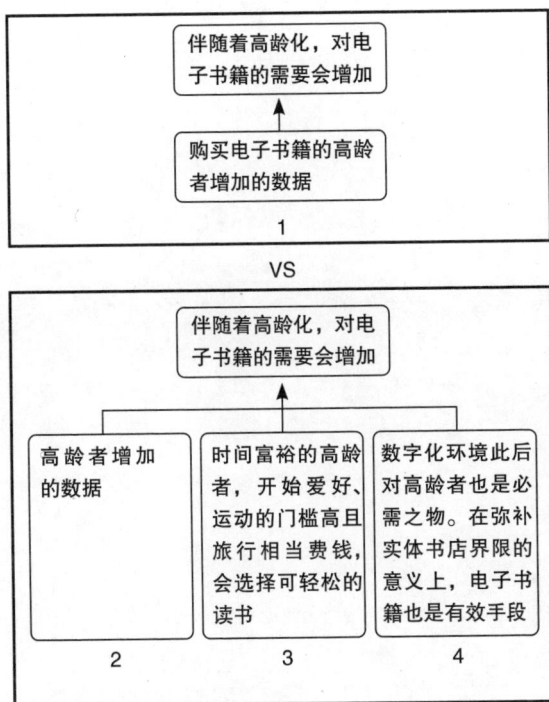

图表1-5

迄今为止本书介绍的方法，作为使根据更为丰富化的方法十分有效，请务必提前了然于胸。

组织的目标在于"达成共识"

◎ "能够认识到这里有弱点"比"大概不要紧吧"
更重要

那么，现在我们对刚才在2、3、4中思考的根据予以
更仔细地考察。

在3中，"与运动、旅行相比，读书更轻松"是被作为
根据的，但是就"时间充裕的高龄者难道没有将时间用于
运动和旅行之外的可能性吗？""读书可以轻松操作是作
为前提展开议论的，读书果真可以轻松操作吗？"这样的
质疑之声，也许还有议论的余地。

还有，在4中，认为"数字化环境（指电子书——译
者注）比纸版书更充实"，可是被数字化的书籍理应只是
纸版书的一部分，真的能够说比纸版书更充实吗？进一步

来说，说是高龄者习惯了数字化环境，可是进行电子阅读仍有必要进行另外的操作也是事实，这种操作真的是老年人可以简单掌握的吗？有必要对以上疑问进行进一步调查（图表1-6）。

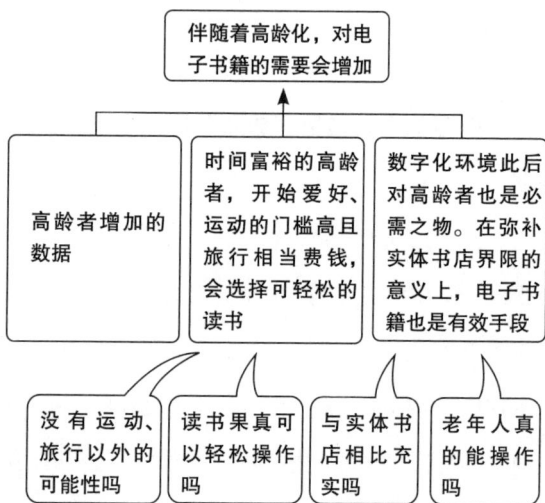

图表1-6

就这样，能够切身认识到"作为根据哪里比较弱？""必须进行进一步调查的点在哪里？"实际上是有价值的。我们在很多案例中可以看到这个糟糕的情景：一些人对自己的根据抱着"这样就大概不要紧吧"的态度，也就是说在对此没有确切认识的情况下，就进入下一个环节，或者与周边的人进行交流。

所谓能够认识作为根据的弱点存在于何处，就是理解哪里需要加强。只要还有时间，进行加强就是可能的。"能够认识到这里有弱点"比"大概不要紧吧"更有价值得多。

◎要贯彻始终的原则不是"正确的意见"，而是"能够正确地议论"

正如到目前为止我们看到的那样，赋予根据要做到百分之百是非常困难的。既然如此，就不要过分花费力气来创造"正确的"状态，而是要确切认识到在哪里存在着与"正确"相对的弱点，赋予根据这一行为是既包括"正确"也包括弱点的。这一点很重要。

· 这是以〇〇〇为前提而得出的结论
· 本来调查的数据应该包括×××的数据，但到目前为止，没有腾出手来
· 总感觉有没说明白的地方……

作为组织，重要的是能够达成一致意见。如果能就包括弱点的根据达成一致，事情就能够向前推进。还有，哪怕发生意外，如果对包括弱点在内的根据有共识，作为组织也能够回到原点。

要补充一点，一个人的思考总有限度，这也是事实。通过简洁地展示自己思考的根据，也能从周边其他人那里获得高见。

因此，需要努力去做的，不是证明自己正确，而是能够开始正确地议论。

"逻辑"是为了什么

◎仅有逻辑是不够的，但没有逻辑一切都无从谈起

在本章的尾声，我们先来看一下为什么"逻辑"是有必要的。

一谈到"逻辑"，就常常会有

· 仅有逻辑也是行不通的啊
· 仅仅凭道理，事情也无法运转啊
· 感情也很重要啊

等上述认为"仅有逻辑也是不充分的"诸如此类的声音。

对于诸如带有"合理与清理""逻辑与感情"字眼的

认为"非逻辑的事物"也是必要的话，不用说，我们是完全无意反驳的。但是，如果听到这些话，就像抓住救命稻草那样，将其理解为"没有逻辑不是也行吗"，我们就要打个问号了。

"仅有逻辑也无法服人"是指，尽管认为在逻辑上是没有问题的，却因为在感情上难以接受，所以拒绝接受的状态。它说的不是"不要逻辑"。因为人基本上是依靠头脑思考道理的动物，所以对在逻辑上无法服人（讲不通）的事物，在本能上就有排斥感。我们要事先知晓，如果没有逻辑，可能都上不了讨论这个"台面"。

◎ "接近更好的成果"是目的

我们来试一下，先不思考有逻辑的好处，而是思考没有逻辑的坏处。所谓没有逻辑，指的是没有对自己的主张提供有说服力的根据。

首先，令人遗憾的是，听了你的主张和根据，还是有很多人不明白。为了让他们理解，种种说明就是必要的。

还有，有些情况下，从听众那里，有可能接到"根据薄弱"的指责，还有可能接到"因为有调查这种根据的必要，所以要调查"的建议。不管怎样说，因为你主张根据的不充分，别人要花费大量时间来提出种种批评并思考如何弥补。

正因如此，在预想会受到怎样的批评之前，先把自己能够控制、弥补的地方弥补好，如果无法弥补，要同时说明自己有几个乐观的地方，而不是让别人花时间来重新寻找，这样就能够从有一定水准的状态开始讨论了。

于是，你们的共同目的，就是取得更好的成果。你的东西被原封不动地接受当然是令人期待的结果，但是考虑到还有可能取得更好的成果，把自己的思考成果作为引玉之砖，让"更好的"思考在你的思考的基础上产生是最为理想的结果。还有，使用他人的头脑，就是加上自己所不具有的视角和构想，改善原有思考的可能性极大。

既然如此，就要意识到，要尽量缩短用于说明自己的思考并让人理解的时间，而把时间用于构筑使自己的思考向新思考飞跃的基础。

第1章 小结 >>

·所谓逻辑，就是为自己的主张添加有说服力的根据。

·尽管没有百分之百完美的根据，但要向着更好的方向努力。

·主张的目的有逻辑，是为了取得更好的成果。不要拘泥于提出正确意见，而要致力于能够正确地讨论。

第2章

打磨"分析"的感觉

"分析、评价、假说、选择"
——思考的顺序

◎基本的思考模型

那么，从现在开始，我们在顺序考察"前言"中列举的"分析""评价""假说""选择"这四个思考模型的基础上，对它们之间的相关性进行整理。

首先，让我们以"分析"为出发点开始。

1. "分析"发生的事情并进行正确的读解

例如，分析销量增加了这一现象，特定为商品 A 的销量增加了

2. "评价"该现象，就是判断这是好事还是坏事

商品 A 的销量比计划增加了 1 倍，"评价"为好事

3. 以这个评价为基础，建立"假说"

· 从看到的现象出发，思考其发生的原因

商品A销量增加的原因大概是因为在媒体上进行了宣传

· 以原因为基础来预测下一步会发生什么

因为商品B也在媒体上进行了宣传，所以其销量也会增加

4. 从假说出发，选择下一步的对策

为商品B销量的增加做准备，加强贩卖体系

将以上内容用图表示的话，就成了图表2-1、图表2-2的样子。尽管有部分内容被省略或者颠倒顺序，但形成了一系列有顺序的类型。

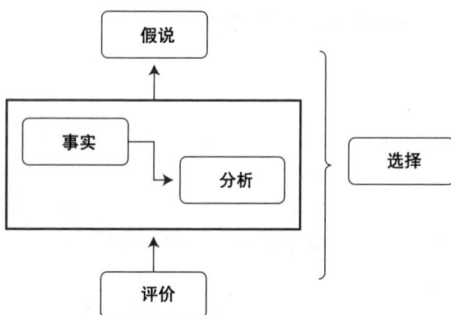

图表2-1

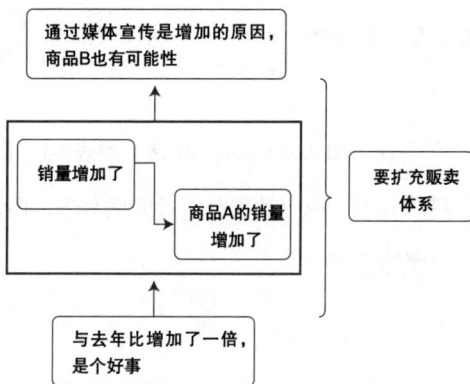

图表2-2

在本章之后的各章, 我们从这种相关性出发, 按照"分析""评价""假说""选择"这一顺序, 对其予以分别考察。

为了进行分析，要掌握"分解之型"

◎〈故事〉为何要进行那个分析作业?

竹下先生在损保控股有限公司工作，负责开发企业客户。

眼看一年时间过半，而新客户的开发还是没有着落，恐怕难以达成预定目标。于是，他想分析一下个中原因，便一边看着手头有的新客户名单、既有客户的营业额以及历年的营业额数据，一边用 Excel 将这些资料组合起来做成 PPT，试着看能否发现什么趋势。

"哎，趋势难以发现啊。"

他偶然看了一下，突然发现只有他自己把新客户的开发目标定为去年的1.5倍。

"为什么只有自己这样呢? 也许和工作年限有关。"

这么一想，他就把销售部中10个销售员的新客户开发目标按照经验年数的长短进行了排列。这样一来他发现，工作年限越少，所定的目标就越高。

"为什么工作年限越少，所定目标越高呢？"

竹下先生进而考虑要试着调查一下是否还有其他原因，也开始搜寻其他资料。

从开始分析起算，时间已经过去了两个小时……

"啊，今天也要加班……"

◎很多人怠于进行"分解"

你也有被这样委托工作的经历吧："把这个数据稍微分析一下。"或者你也会有接受"经过分析，查明了原因"之类报告的机会吧。

商务中常用的"分析"这个词语究竟指的是做什么呢？

"分析"这个词隐藏着"微言大义"。

首先，头一个字"分"，意思是"分开"。

那么，"析"这个字又是什么意思呢？"析"这个字可以分为左边的"木"字旁和右侧的"斤"字旁两部分，而右侧的"斤"字旁是"斧"的简体。用"斧"斩"木"的话，"木"就会被分成小块，也就是说，"析"也是"分开"的意思。

因此，"分析"这个行为的本质就是"分开""分解"。顺便说一句，日语中"わかる"【意思是"明白"——译者注】也可以写成"分かる"。也就是说，我们既可以说为了"明白"就有必要"分开"，也可以说"分不开"就是"不明白"。还有，我们也可以反过来这样说，如果不能恰当地分开，就不能说"明白了"。

尽管有点偏题，这里还是说一下，因为"分析＝分解"比较烦琐，结果怠于进行，不正是我们身边的现实吗？

例如，这个案例。"最近注意到"本公司的服务"质量在下降"，在具有这样印象的状况下，不时发生投诉。这样的话，"投诉的发生"应该证实了自己具有的"服务质量在下降"的印象，所以印象就变成了确信，并容易按照下面的方向推进思考：为阻止服务质量的下滑，必须尽快考虑改善方案……

另一方面，仔细一调查才发现，服务质量的下降只发生在一部分店铺；对这些店铺进行进一步调查后发现一个事实，它们的区域经理是最近新换的。到底发生了什么？确认起来一看，是因为新任的区域经理要推进与以前的做法稍微不同的方案，店长与店员间发生了摩擦，结果店长与店员两方的积极性都下降了，这就导致服务质量下降这一现象的发生。也就是说，与其说问题在于服务质量下降，不如说在于新任的区域经理。

或者是这样的案例。最近销售额上升，这被认为是好事。但是，试着仔细分析一看才明白，只有特定店铺的营业额上升，其他店铺的营业额没有变化。再进一步调查一看，营业额上升的店铺正在搞促销，尽管营业额高于其他店铺，但利润与其他店铺没有什么不同。

就像上面描述的那样，在商务的场景中，从"投诉的发生""营业额的增加"出发按照表面现象来推进思考，却最终怠于进行此前的分解工作，往往会给状况赋予错误的含义。

所谓分析，不是就印象论印象，也不止于对发生的现象进行囫囵吞枣的认识，而是前进一步分解来看，能不能费这个功夫是产生不同效果的关键一步。

◎分解的对象有"定量"和"定性"两种

那么，我们先来思考一下分解的对象是什么。

要进行分解，是因为如果不分解并进行仔细、认真的观察就弄不明白，作为其起点的问题意识是"不太明白"。于是，要说"不太明白"的对象是什么的话，在很多情况下，是不明白到底发生了什么，也就是说，是不太明白现在发生的事情本身。

例如，有销售不景气这个现状的话，彻底了解销售是如何不景气就成为分析的起点。同样，如果有采用人数比计划少的状况，就要从考虑采用人数是怎样下降的着手。

在这种情况下，就要分解营业额，分解采用人数，这两者不管哪一个都可以用数值表示。所谓可以用数值表示，就是能够用算式表示，也就是说，能够用以加法或乘法为基础的东西进行整理。

于是，分析的结果是在"营业额仅仅在某些特定店铺不景气""采用人数下降的仅仅是某些特定业务部"这些具体场景中，我们看到了具体发生了什么。

下一个应该出现在脑海里的问题就是"为什么"了，

在这里我们也还是用"分析"来处理。但是，这次我们必须思考某些特定店铺不景气的理由和某些业务部采用人数下降的理由。"理由"这个东西是难以用数值表示的，但是即使在以"定性的"东西为对象的场合，"分析"也是必要的行为。因为定性的事物无法用算式表示，为了分解它们，我们常常采用将其分解为要素或者步骤的方法。

· 定量（物）以算式（加法或乘法）为基础

· 定性（事）分为要素或者步骤

大致像上面那样整理就问题不大。

◎【分解的种类①】加法型分解 = 多掌握切入点

我们在这里来考察一下加法型分解。已知上个月的营业额是270万日元，本月的营业额为240万日元。这减少的30万日元是哪里的呢？为简便起见，假定有 A、B、C 三个店铺，它们经销 X、Y、Z 三种商品。现在能看到的情景，如图表2-3所示。

按店铺分类来看的话（图表2-4），我们发现从 A 店铺到 C 店铺，所有店铺的营业额都从 90 万日元降到 80 万日元。

另一方面，按商品分类来看的话（图表2-5），只有商品 Z 的销售额降到了 60 万日元，我们通过分解可以看到，减少的 30 万日元都是由于商品 Z 的不景气造成的。

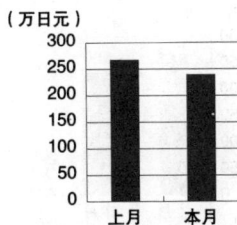

图表2-3

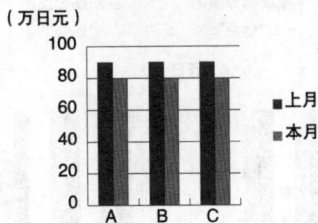

图表2-4

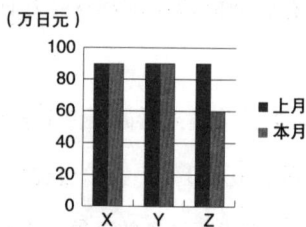

图表2-5

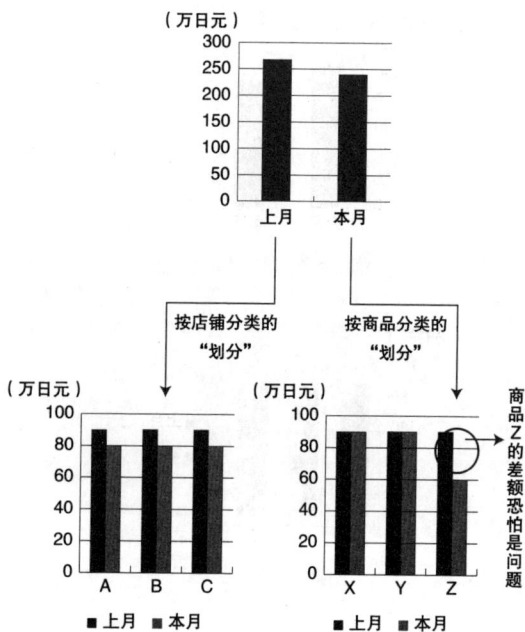

图表2-6

如果囫囵吞枣地把握全体，我们就不明白30万日元的差距是从哪里来的。按店铺分类、按商品分类的"分开"来看的方法把我们从"不明白"的状态中拯救出来。结果，我们看到了更为具体的现象：商品 Z 的营业额跌落似乎是原因所在（图表2-6）。

那么，在这个例子中，我们按商品分类来看的结果是，看到了趋势，但是也有即使分解了也看不到明显趋势的可能性。在这种情况下，就要求我们进而采用别的划分方法，比如说按月划分或者按客户划分来看之类的切入点，"分开来看"。

因此，在分解中重要的是，事先是否具有复数的切入点。拥有这样的候补切入点越多，看出趋势的可能性就越大，搞清状况的可能性就越大。

◎如何划分切入点也很重要

在加法型中，还有一个重要问题。就是划分切入点的方法问题。"性别"这一切入点，如果想定了的话，也就同时决定了"男女"这一划分方法，但如果是年龄为切入点的话，就有思考如何划分年龄的必要。

比如说，上月的来店人数是300人，而本月的来店人数是400人，在这种情况下该如何划分呢（图表2-7）？

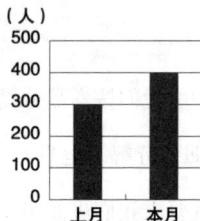

图表2-7

如图所示，10—19岁和20—29岁的人增加了（图表2-8）。

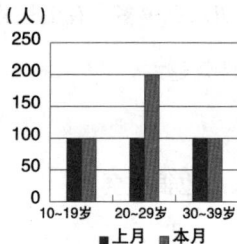

图表2-8

但是，实际上，"10—19岁""20—29岁""30—39岁"这样以10岁为区间划分得到上述的结论；如果以"到18

岁""到22岁""到39岁"作为年龄的区分，分别在18岁、22岁和39岁画线的话，也可以看出增加的100人都是在19—22岁的年龄段（图表2-9）。

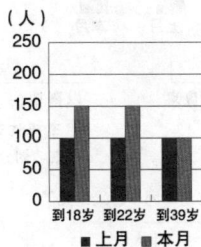

图表2-9

在这种情况下，甚至可以推测是大学生增加了100人。如果把19—22岁作为一个范围予以总结的话，可以看到这个现象，如果以"10"为刻度，按照10—19岁和20—29岁来划分的话，这个趋势就被分隔到两个区间以致看不到了（图表2-10）。

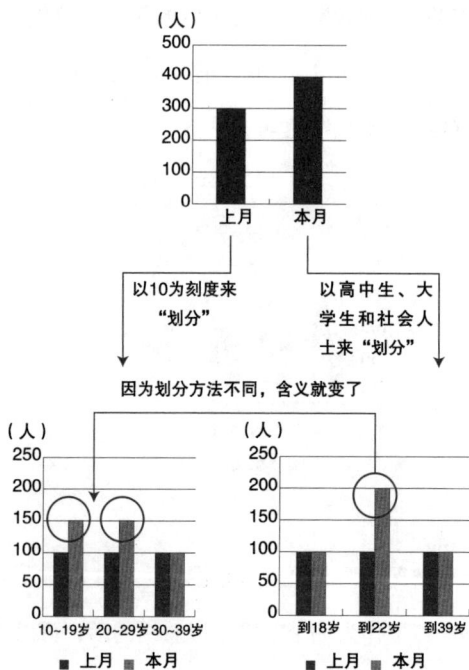

（人）
500
400
300
200
100
0
　上月　　本月

以10为刻度来"划分"

以高中生、大学生和社会人士来"划分"

因为划分方法不同，含义就变了

（人）
250
200
150
100
50
0
10~19岁　20~29岁　30~39岁
■ 上月　■ 本月

（人）
250
200
150
100
50
0
到18岁　到22岁　到39岁
■ 上月　■ 本月

图表2-10

　　也就是说，尽管是和"10—19岁""20—29岁"一样的机械划分方法，但是在哪里划线是必须思考的，这就是个很好的个案。

◎大数据时代要求我们对"划分法"具有怎样的
感觉?

与刚才的例子不同,也存在有必要加起来的情况。比
如说,"按周几分类"这个切入点。设定有比较每周周几
的来店人数的数据(图表2-11)。

单位:人

	上月	本月	差距
周一	50	60	10
周二	50	70	20
周三	100	120	20
周四	70	80	10
周五	120	140	20
周六	300	320	20
周日	400	410	10

图表2-11

我们可以看到,从周一到周日大致是逐次增加的,将
表中的数据总结为周一到周五构成的"平日"和周六、周
日构成的"周末"两个系列分别相加来看的话,就成了图
表2-12的样子。

	上月	本月	差距
平日	390	470	80
周末	700	730	30

图表2-12

进而将按每周周几划分的数据和分为两个系列后的数据分别图表化，就成了图表2-11、图表2-12的样子，对比上月的增长，我们可以看到平日的增长比周末的增长更多。

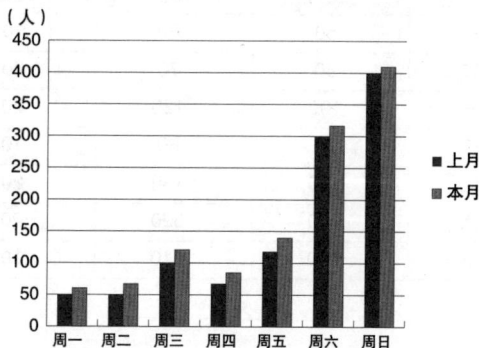

图表2-13

在这里，需要事先留意的是，比如说，因为就增加率而言周二最高，自然就会试着考虑"顾客为什么会在周二增加呢"，往往就会凭借手边有按照周几分类的数据而以这一天为单位进行思考（图表2-13）。

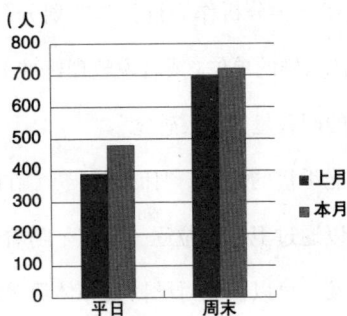

（人）

图表2-14

单位：人

	上月	本月	差距	增加率
周一	50	60	10	120%
周二	50	70	20	140%
周三	100	120	20	120%
周四	70	80	10	114%
周五	120	140	20	117%
周六	300	320	20	107%
周日	400	410	10	103%

图表2-15

"能够获取的数据的最小单位"，未必是"最适合看趋势的单位"。比如说，按照年龄分类的数据，如果考虑以1岁为刻度来看特征的话，就没有任何意义，这就是本段开头的论断的明证。

我们论述过，分析作为行为是"划分"，但其目的是"明白"。用什么样的单位（或者说整理标准）来划分为宜？对这个问题的回答是"需要感觉"。

随着智能手机的普及，"什么时候""在哪里"这样的行动数据可以通过卫星定位逐一定位；随着便携式传感器等设备的普及，可以做到对脉搏数和体温等以秒为单位的实时监测。考虑到以上情况，今后以何种单位进行整理的"整理方法"，作为分解的技术，会变得越来越必要。

◎在没有正确答案的世界里必要的"两件武器"

进行"划分"这一行为时，要求我们在头脑之中，用"以这个切入点来划分的话，不是可以看到趋势吗？""这样划分的话，不是可以看到趋势吗（划分方法）？"这两个假说，来看数据。

在这里，我们再回头看一下刚才的案例。

首先，我们来看一下图表2-10，因为把18岁和22岁作为划分年龄的节点，我们可以更清楚地看清倾向，但是增加的客户来自10—19岁和20—29岁两个年龄段这一把握方法也是没有问题的。也就是说，关于"划分"行为，我们一定不要忘记，不分开来看就不会明白，以及我们处于"这是不是正确答案，谁也无法回答"的状况之中。

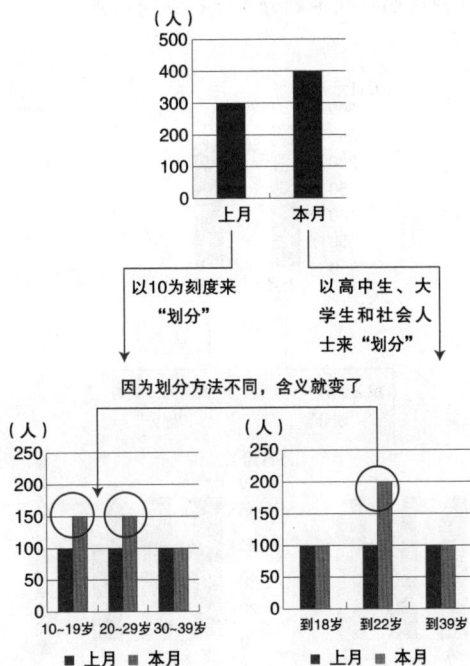

图表2-10（再次刊登）

还有，关于图表2-6，我们也可以说类似的话，该图按照商品分类分开来看，能够看到趋势；但是如果我们按照时间带划分来看的话，实际上我们也许"也"能看到上午的销售是下降的这一趋势。我们事先要提醒自己不要忘记，判断按照商品分类就能看到趋势，因此就止步于此的话，就有可能忽视按照时间带划分才能看到的趋势。

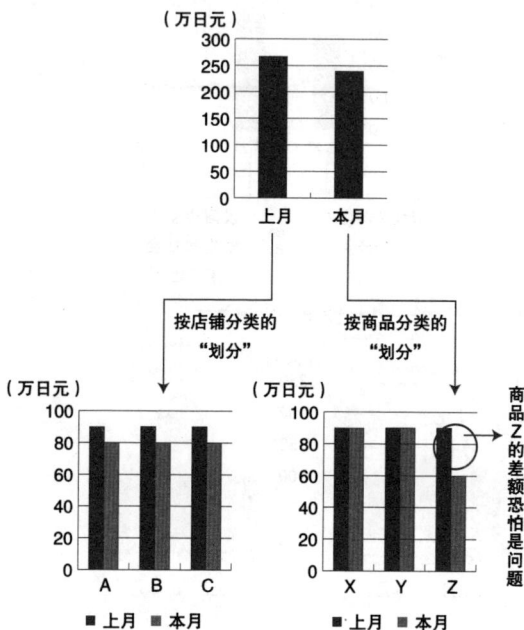

图表2-6（再次刊登）

既然如此，以下几点就甚为必要：

1. 不要停止分解行为，直到至少可以看出一个趋势

2. 看到趋势的话，要思考对该趋势的定性解释是否能够成立

3. 在此基础上，试着思考是否有让我们看出趋势的其他分解

在分解时，要事先将这三个要点置于脑海里。

◎【分解的种类②】乘法型分解用"绝对"和"相对"思考

此前我们考察了加法型分解，现在来考察一下乘法型分解。可以举出的有代表性的例子是，将销售额分解为"单价 × 数量"。"单价 × 数量"是二维的，也就是面的概念，那么是否可以考虑给它加上频度这一维度，变成"单价 × 数量 × 频度"这一三维概念呢？要是具有这样的视角就更好了。

在分解销售额以外，比如说，咖啡的年消费量（全国的总杯数）这类结果是绝对量的场景，就能够以：

（每人每天的杯数）×（喝咖啡的人数）×（喝咖啡的天数）

这样的形式用三维表示。

也就是说，在分解绝对量的场合，像下面那样分解是可能的，请牢记在心（图表2-16）。

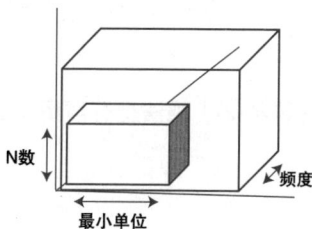

图表2-16

另一种分解方法，是依据相对比例的分解。将下面的三种图形作为例子。

A 饼形图（整体与部分）

关于饼形图，我想对它熟悉的人很多。这是一种用数值表示各要素在整体中所占比例的图形，所占比例大的要素，对整体的影响自然也大（图表2-17）。

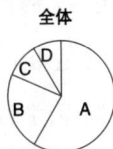

全体

图表2-17

B 分支图（过程）

分支图是这样一种图形，它着眼于从最初的状态到最后的状态的流变之中的变化过程。比如说，为了分解采用人数，就要回溯到应聘者数、面试者数、合格者数这些更为"原初"的过程，分支图是观察现状形成过程的一个视角（图表2-18）。

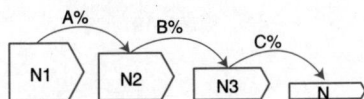

$$N = N1 \times A\% \times B\% \times C\%$$

图表2-18

C 折线图（时间序列）

我想折线图和饼形图一样，对于商务人士来说，是一种耳熟能详的思考方法。对照实际进行思考时，除了"现在从这里重新开始"这类的案例外,都应该有"过去的经验"。正因如此,折线图是适用于诸多案例中的分解的呈现方式。对于下面的几个问题,折线图都会给予我们启示:与去年相比,是增加了还是减少了?能否把握现状的变化?进一步来讲,这种变化将来又会如何(会不会持续)?(图表2-19)

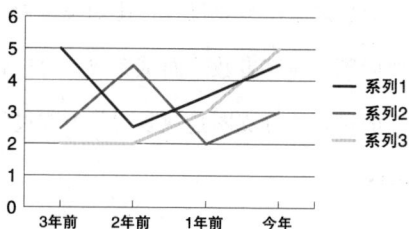

图表2-19

相对量

饼形图

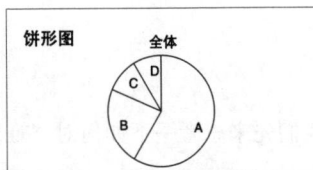

分支图

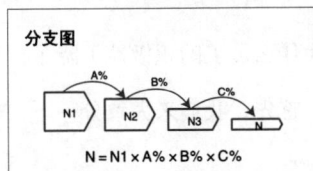

折线图

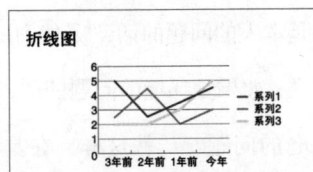

绝对量

加法

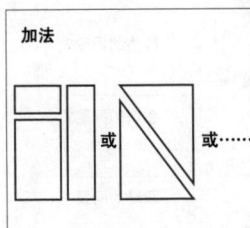

乘法

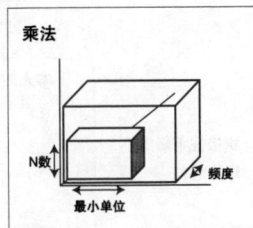

图表2-20

◎【分解的种类③】定性用"要素"或"过程"思考

在这里，我们先来思考一下如何对"难以定量划分之物"进行分解。

比如说，为什么员工的积极性下降了，我们来试着分解一下其原因。首先，我们来大致分一下，是本人的问题还是环境的问题？

进而，如果是本人的问题的话，"是能力的问题？""还是意识的问题？"；如果是环境的问题的话，"是职场的问题？""还是家庭的问题？"就这样，在具体的场景中，用大的概念掌控全体，同时进行划分（图表2-21）。

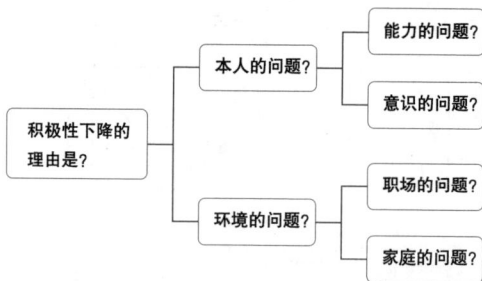

图表2-21

于是，在某种程度上可以分解的阶段，比如说，聚焦于是本人问题且是能力问题时，就可进一步分解为以下两种情况：

· 也许因为能力不足（现在），所以积极性下降
· 也许因为提高能力无望（未来），所以积极性下降

因为构想是"逻辑的"，所以就要在意识到"既不要遗漏，也不要重复"的前提下进行划分。在这里，没有严密考虑是否遗漏、是否重复的问题，只是分解"原因"这个定性的东西（图表2-22）。

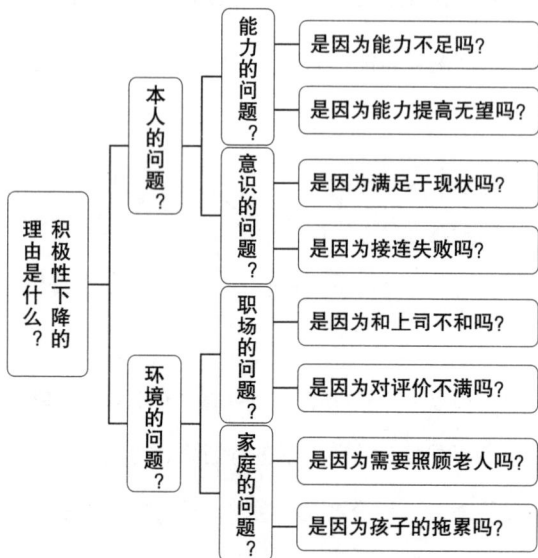

图表2-22

另一个做法是，追着过程思考的分解方法。

比如说，我们试着思考一下未能做出符合需求的产品的原因。

是因为没有获得必要的情报吗？接下来，如若获得了相应的情报，是因为对需求的解释有误吗？抑或是因为对需求的解释虽然正确，却未能落实到产品的式样上？甚或是因为对需求的正确解释也落实到产品的式样上了，却未能按照式样制出产品？也有这种用层层递进的形式来进行原因分解的方式（图表2-23）。

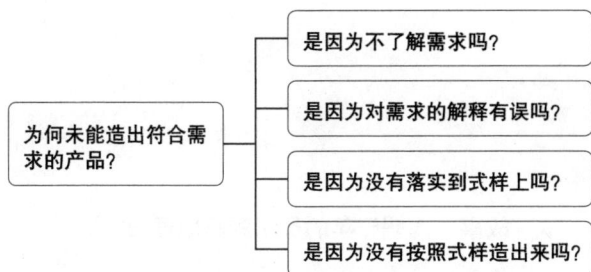

为何未能造出符合需求的产品？
- 是因为不了解需求吗？
- 是因为对需求的解释有误吗？
- 是因为没有落实到式样上吗？
- 是因为没有按照式样造出来吗？

图表2-23

这是以分解从需求到产品化的工作程序、查看每一道工序是否有问题的思考方法（图表2-24）。

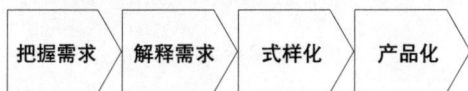

把握需求 > 解释需求 > 式样化 > 产品化

图表2-24

就这样，即使是定性的情报，通过按照要素分类进行划分或者是追着过程进行划分的做法，也是能够进行分解的。

进行分析之际要注意这里！

◎〈故事〉入职三年的员工的辞职理由

"入职第三年的田中先生似乎辞职了。其理由是想把自己的专业技能再提高一步，最近入职第三年辞职的员工很多啊。"

在某个大型机械制造企业，辞职率居高不下成了问题。人事部门在谋求降低离职率的对策。

入职七年的榎本先生，在前几天同期入社的酒会上，因为听到有人谈起"似乎考虑到职业生涯的问题而决意辞职的案例很多"的话题，便作为假说而提出了如下观点："因为入职第三年的员工以'对职业生涯的不安'为理由提出辞职的可能性很高，那么实施职业生涯研修会如何呢？"

但是，在用邮件或者电话向几个有部下辞职的顶头上司询问员工辞职原因之时，得到的反馈是，原因不局限于职业生涯的考虑，把工作地点不符合自己的理想以及因为能力差做不出业绩作为理由的人也很多。

"我想职业生涯教育也会起到某些作用，但是也有必要考虑员工的工作地点并实施提高能力的研修。"

如此思考的榎本便把"实施职业生涯教育和提高能力的研修以及考虑员工的工作地点"作为建议内容向上司汇报。

上司："你提议的三条解决办法都是基于上司的意见，这有点令人担心啊。你想想员工辞职没有其他原因了吗？"

榎本："本来可以的话，我想要是能够采访所有辞职者就好了，但是覆盖全体有点困难，所以就决定听听上司的声音。"

上司："我看还是试着采访辞职者吧，哪怕少一些也没关系。"

榎本："明白了。我来试着采访一下本月提出辞职的员工。"

上司："你这个研修计划本来是针对入职第三年员工

的，我想实施的时候不妨扩大一下，不必局限于入职第三年的员工。"

榎本："好的。因为这三个理由辞职的员工好像也不局限于入职第三年的员工。"

上司："入职第三年的员工离职率高确实是事实。如果我们这样做的话，就弄不清其原因了……"

榎本："是这样啊……"

后来，对离职者进行采访时，离职者竟然全体异口同声地举出"未能与上司融洽相处"这一理由。

"如果你只是接触上司来寻找员工离职的理由，他们难以说下属员工辞职是自己造成的，他们不想承认啊……"

这样，榎本先生就面临着再次修改解决方案的考验。

◎为了将特定现象作为原因，重要的是比较"这个现象以外的"现象

那么，现在我们再回过头来看一下"为何要进行分解作业"这个问题。

把不能通过观察全体弄清楚的事情变成可以理解的

事实，在一定范围内，为了找出有特征的趋势而进行了分解作业。

然而，仅仅"看出"有特征的趋势是不够的。认定这一趋势之际，要回答"它确实存在吗？"这一问题，还需要下一番工夫。

比如说，分析冰激凌的消费量下降这一现象时，我们把冰激凌分成水果型和乳制品型两类并且把大人和孩子分开来进行考虑，当此之际，建立"喜欢水果型冰激凌的孩子减少了"这一假说，并确认了这样的孩子与三年前相比确实减少了。

但是，假设喜欢水果型冰激凌的大人的比例也从70%（三年前）下降到50%（现在）的话，看法就得变了。为什么这样说呢？是因为不管是大人还是孩子，喜欢水果型的人都减少了（图表2-25）。

	3年前	现在
喜欢水果型的孩子的比例	50%	30%

↓

	3年前	现在
喜欢水果型的孩子的比例	50%	30%
喜欢水果型的大人的比例	70%	50%

图表2-25

也就是说，为了得出喜欢水果型的"孩子"减少了这一判断，有必要满足喜欢水果型的大人没有减少这一条件。

加之，在调查乳制品型冰激凌时，假定发现喜欢此一类型冰激凌的孩子的比例从60%（三年前）下降到40%（现在）的话，也许可以说对冰激凌自身的关心下降了是更正确的认识。

如此一来就可以说，如要特别选定某个事物（作为原因）的话，就有必要说在比较中没有在其他地方发现类似的现象。

也就是说，不仅仅要保证喜欢水果型的孩子减少，同时还要保证在其他地方没有减少，才能够特别选定这个作为原因（图表2-26）。

	水果型	乳制品型
孩子	减少	没有减少
大人	没有减少	没有减少

图表2-26

认为"真是太难了"的各位，请想一想小学的理科实验。要想证明在光合作用中阳光和叶绿素是必要的话，就要比较放在阳光照得到的地方的花盆和放在阳光照不到的地方的花盆，比较普通的叶子和在酒精等物中被浸泡过因而失去叶绿素的叶子（图表2-27）。

	有阳光	背阴
有叶绿素	产生淀粉	不产生淀粉
无叶绿素 （浸泡于酒精）	不产生淀粉	不产生淀粉

图表2-27

也就是说，我们做的是这样一件事情，使其他条件相同，让仅有想证明的条件处于不同状态，进而比较造成这种状态的各个要素。

但是，不可思议的是，一到了商务活动中的证明，却往往只是抓住眼前的现象来思考其含义。

· 因为被要求按照一定速度完成任务，所以没有余裕思考其他的可能性
· 怠于"淘出"其他条件为何
· 本来准备其他条件不同的环境就很困难

尽管要考虑以上所举诸因素，但也要提前注意一点，那就是，为了言说"某个事情"，就有必要保证在这以外

的其他地方"这个事情不发生"。

◎思考"比率"的话，要与"实际数目"配套

在这里，我们先来探讨一下处理比率问题时需要注意的地方。

假设我们掌握了图表2-28那样的数据，思考问题在哪里时，应该会注意到产品 B 的下降最为厉害。因此，应该把提高产品 B 的接受订货率作为目标……也许没有如此简单就把事情办好的例子，但产品 B 受到不少关注也是事实吧。

接受订货率	去年（%）	今年（%）	问题所在
产品A	80	60	
产品B	80	50	■
产品C	80	70	

图表2-28

另一方面，产品 B 的接受订货率的下降果真是大问题吗？仅仅看比率是无法做出准确判断的。在这里，我们来加上图表2-29那样的数据来看一下。表中接受订货率还是保持原样，而提案机会、单价和销售差额则是计算的结果。

接受订货率	去年（%）	今年（%）	提案机会	单价（万元）	销售差额（万元）	问题所在
产品A	80	60	100	100	2000	
产品B	80	50	10	100	300	
产品C	80	70	1000	100	10000	■

图表2-29

那么，哪个产品的接受订货率的下降是问题所在呢？

仅仅聚焦于接受订货率下降的幅度的话，产品 B 确实是问题所在，而且受到接受订货率直接影响的提案机会只有区区十个。与此相反，产品 C 在三种产品中接受订货率下降的幅度最小，因此看起来似乎不是问题所在；但是提案机会是三种产品中最多的1000个，换算成金额上的影响的话，就成了三者中对销售额影响最大的产品。

致力于通过比率来找出意义，绝不是坏事；但在通过比率思考后对参数、绝对数的意识淡薄，仅仅把比率当作可以自我说明的议论对象，却是非常容易发生的事。不要仅仅依靠比率来判断事物，一定要把它和实际数目配套来思考，换句话说，比率仅仅是比率，靠比率不会给我们带来任何有关实际数目的情报。请务必将此点牢记于心。

◎防止被表面数字迷惑的注意事项

尽管此前我们已经对分解进行过讨论，但回避了以下两个论点：

· 看到的特征是否能被称为差异

· 即使有差异，它难道不是偶然发生的吗

下面让我们分别思考一下这两个问题。

首先我们来看一下第一个问题"看到的特征是否能被称为'差异'"。

比如说，假定我们进行一个客户满意度调查（十分满分制）。

案例 A　客户满意度　去年平均6.5分 / 今年平均6.7分
案例 B　客户满意度　去年平均6.5分 / 今年平均8.8分

要讨论的问题是，就案例 A 和案例 B 分别而论，是否能够做出"与去年相比，今年客户的评价高了"的解释。

就在十分制中平均提高两分以上的案例 B 而言，对其作出今年的客户评价与去年相比提高了的解释，似乎没啥问题。

另一方面，案例 A 又如何呢？要说上升没上升的话，尽管只有区区0.2分，也可以说上升了，但是这在误差允许的范围内，也并非不能做出与去年相比几乎没有变化的解释。

那么，问题来了，这个差超过多少，才能不被称为"误差"？0.3、0.4……让人感觉不是误差的值会在哪里出现呢？到底有几分的差距的话，我们才能认为和去年相比今年的客户满意度上升了呢？这就是我们要讨论的问题。

那么，即使是案例 A，也会出现以下两种情况，我们如何解释呢？

案例 A1　去年平均6.5分 / 今年平均6.7分（调查对象为5个公司客户）

案例 A2　去年平均6.5分 / 今年平均6.7分（调查对象为100个公司客户）

就案例 A2而言，如果是以100个公司为调查对象的话，即使平均分数仅有微增，似乎也可以认为客户满意度上升的解释能够成立。就案例A1而言，因为调查对象只有区区5个公司，难免给人"莫不是偶然发生"的印象。也就是说，根据N数（调查对象的总数）是多少，解释也可以不同。

我们把N数少的案例A1分成A1-1和A1-2两种情况作为最后的例子来看一下（图表2-30）。

	案例A1-1		案例A1-2	
	去年	今年	去年	今年
A公司	6.5	6.7	6.5	6.7
B公司	6.4	6.7	6.8	6.7
C公司	6.6	6.7	6.2	6.7
D公司	6.6	6.7	6.7	6.7
E公司	6.4	6.7	6.3	6.7
平均	6.5	6.7	6.5	6.7

图表2-30

因为直接看表格难以理解，将其图示化就成了图表2-31。

尽管去年的平均分数都是6.5，但按照企业分类来看的话，可以做以下判断：

·在A1-1中，去年的评价在6.4分到6.6分这一范围内

波动，今年的评价平均为6.7分

· 在A1-2中，去年的评价则在6.2分到6.8分这一范围
内波动，今年的评价平均为6.7分

由于在A1-1中没有一家公司打出6.7这一分数，所以
即使是微增，做出今年的客户满意度比去年提高了这一解
释也未尝不可。另一方面，就A1-2而言，去年的评价散布
在6.2分到6.8分这一范围内，鉴于此，且今年的评价分数6.7
也被包括在这一散布的范围内，难免给人以"这是偶然发
生的情况"这一印象。

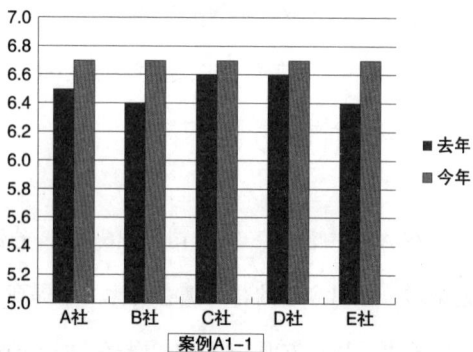

案例A1-1

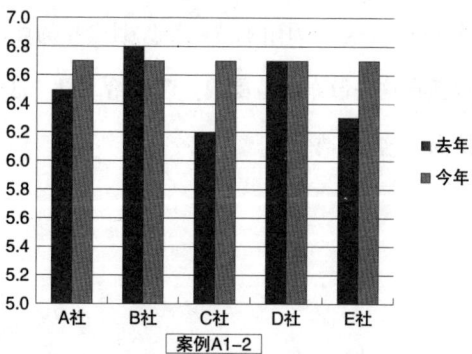

案例A1-2

图表2-31

基于以上分析，我们将认识特征时需要注意的几点总结如下：

· 有一个分界线，在其一定数量以上的差才能叫作

"差"，在其下的则难以被称为"差"

· 根据总数的不同，解释可以变化

· 根据各个调查对象的分布，解释也会变化

作为方法，也有加入统计学上的标准偏差等概念进行更为精密验证的，在实务中下面的情况也是事实，那就是，既有数据本来就少的情况也有不得不对单一数据加以解释的情况。

但是，在这里，重要的事情也还是"分解"。不要停留在注意平均值等表面数字的不同，而是要通过按照企业分类的划分方法对其状况进行分别的确认，从而轻松思考能否把不同解释为"差"。还有，在实际中，最后要"决定"以何为"差"，所以要在进行"在可能范围内予以分解""在能够显示总数和分布的情况下要一起显示"等工作的基础上，将以下两点牢记于心：

· 要拥有以何为"差"的定性理由

· 同时就此理由达成共识

让我们来试着分析！

◎〈故事〉今天公司内的讨论也是各说各话

住谷先生在精密机械制造部门工作，他为了降低生产线的产品不合格率，正着手特别选定问题所在。

因为清楚组装作业环节存在质量差异，就在会议上发表自己的意见，却受到来自与会者的批评："问题不在组装作业环节，如果按照产品分类划分来看的话，不是可以看出产品E在拖后腿吗？"

因为此前没听人说过问题出在不同产品上，所以住谷先生继续坚持自己的主张："依我看，按照产品分类来看的话，不认为不合格率会有什么差别。正像我的数据显示的那样，问题出在组装作业环节。"

会议完全变成了自说自话。

◎供给侧、客户方……试着改变视角

此前我们一再探讨过营业额的分解问题，在此让我们以不同的视角再来看一下这个问题。

类型1：按商品分类、按店铺分类、按价格区间分类、按店长分类、按月分类和按时间区间分类

类型2：按年龄段分类、按性别分类、按收入分类

那么，"类型1"和"类型2"有何区别呢？

尽管两者都采用的是以加法型进行分解的切入点，但有类型1能进行分解而类型2难以做到的一面。这是因为类型1是卖方视角下的切入点，而类型2则是客户方（需求侧）视角下的切入点，也就是说，如果没有客户方的情报的话，用后者就无法进行分解。

换句话说，就类型1而言，能够通过追溯贩卖记录进行归纳；而类型2则不同，它属于如果没有该商品被何种性质的客户买走这样的客户方情报，很难找到进行分解性质的切入口。

也有这种分析容易操作的原因，人们往往有动不动就用"什么卖得好呢"这样的视角来进行分解的倾向。诚然，

供给侧的视角在管理商品这一点上自有其合理性，且容易进行分析，但是，重要的问题是，在此之前是谁买了商品？也就是说，是什么样的客户进行了购买这一情报是非常重要的。

POS系统是通过自动记录将"谁在购买"和"商品"连接起来的，制卡试图将客户圈住的做法其实也可以被认为是试图将客户方的情报和商品连接起来的行为。

因此，进行分解能看到什么是重要的，"分解之际，与怎样的情报相连接的话，该分解会变得更有意义"，进一步思考用这个视角来"成套"地获取或者储备情报也是重要的。

此前我们反复阐述了分解工作的意义，就是为了精准把握究竟发生了什么。进行此项工作时，往往会产生"应有之姿和现状"之间的鸿沟。

比如说，本月的销售目标是100万元，从现状预计只能完成80万元。当考虑如何填补剩下的20万元时，应有的构想就是仔细调查这20万元的差距究竟是从哪里产生的。

就像我们此前看过的那样，分解销售额的话会是下面这个样子：

· 分为新品销售额和既有商品销售额来看（按新品和
　既有商品分类·加法型）

· 按每种商品分类来看（按商品分类·加法型）

· 划分为单价和数量来看（乘法型）

用上面那样的切入点来思考是很重要的。

但是，这里还有一个必须提前控制的论点。那就是，
我们要分解的对象是否真的"维持现状就可以"这个问题。
认为通过分解来看能把状态看得更清楚当然是对的，上面
的例子无论哪一个都是想正确把握"现状"的行为，却都
没有考虑"维持现状是否就可以"这一点。

◎仅仅考虑现状的分解是不够的，还要考虑分解的
"应有之姿"

让我们再次试着思考是为了什么而要把握现状。如此
一来就会发现，在上述的例子中，是因为应有之姿和现状
之间存在"鸿沟"，这才有了想调查"现状"的想法。

但是，实际上这个想法是在一个前提的基础上成立的，

这个前提就是应有之姿是明确的且可以将之视为给定条件。实际上，这个前提会发生以下情况：

· 应有之姿本身就缺乏根据

· 应有之姿本身虽然有根据，但这个根据是错的

· 应有之姿本身虽然有根据，但环境发生变化，有修正的必要

因此，对"应有之姿"也要进行恰当的分解，对它提出诸如"它是以怎样的假设而创造出的？""继续以该应有之姿为'是'是否恰当？"等问题。同时从以上几点着眼就变得重要了（图表2-32）。

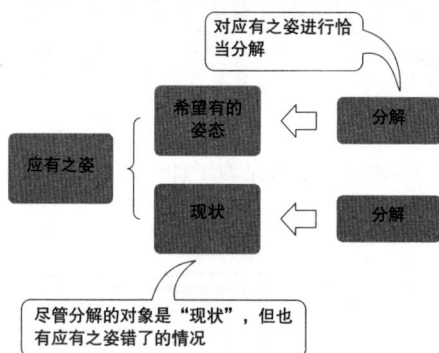

图表2-32

由于组织的惯性的原因，应有之姿本身有成为不被细致检证的"圣域"的倾向。因此，要将"分解的对象，不仅是现状，也含应有之姿"的念头提前置于脑中。

◎意外堪用的"需求 ÷ 供给"的分解方法

"日本有多少家意大利餐馆？"

这是被称为"费米推定"的题目。可能会有人感觉这似乎是与"分解"不同的题目，动脑筋的读者会发现这是与"分解"相同的题目。在这里我们可以这样思考，有多少需求，有多少供给才可以满足这些需求，据此我们试着算出供给（意大利餐馆的数量）。

那么，让我们首先从需求侧开始。我们试着思考一下意大利餐的总餐数（年）。

我们用"最小单位 ×N 数 × 频度"这个三维基准来计算绝对量的话，可以这样计算吃意大利餐的总人数，在1亿2000万人中刨除老人和幼儿，粗算大致为3000万人。一顿饭算一餐，然后把频度设定为每人每月吃一顿意大利餐，每月平均的需求就是3000万餐。

那么，有多少家餐馆可以构成满足需求的供给体系呢？

假设一家意大利餐馆的座位数为30，中午、晚上各翻台一次，平均每天可以提供120个餐位。接下来就可以算出每月可以提供3600个餐位。

3000万餐 ÷3600餐位 =8333家

我们推导出来的8333家餐馆这一答案是否正确先存而不论，希望大家牢记于心的是方法，也就是如何算出来的。

（意大利餐馆的数量）＝总餐数 ÷ 一家店可供给的餐数

总餐数 ＝ 人数（3000万人）× 单位（一顿）× 频度（每月一次）

（一家店可供给的餐数）＝座位数 × 单位（一顿）× 频度（午晚各翻台一次）

在思考需求、供给之际，将其分别以"人数 × 单位 × 频度"的视角予以分解计算，对于大的"成团的大块事物"不是原封不动地处理，而是分开后再进行思考的效用也可以应用到这些地方。

补充一句，有多少供给能够应付该需求的想法，也可应用到预测市场规模等问题上，因此请将以（需求）÷（供给）的想法来进行分解的方法牢记于心。

◎不要停留在表面，要加深侵入角度

那么，正像我们看过的那样，把与"分解"相关的问题一个一个拿来讨论，是非常简单的事情。

但是，出于以下理由，容易让我们裹足不前。

· 详细划分很麻烦

· 不反复进行试错就看不见问题

· 对看见的问题有无数的正确答案

结果就出现以下情况：在入口阶段就避免深入，从可以看到的情报中寻求给人感觉方便的解释，只优先收集能够补充这一解释的情报，然后就宣告万事大吉。这是一种"浅尝辄止"的头脑使用方法。

此时，要深化侵入角度，至少要试着从"用加法、乘法将绝对量""用饼形图、分支图、折线图将相对量"予以分解开始。

这样的话，获得某些启示的可能性就提高了（图表2-33）。

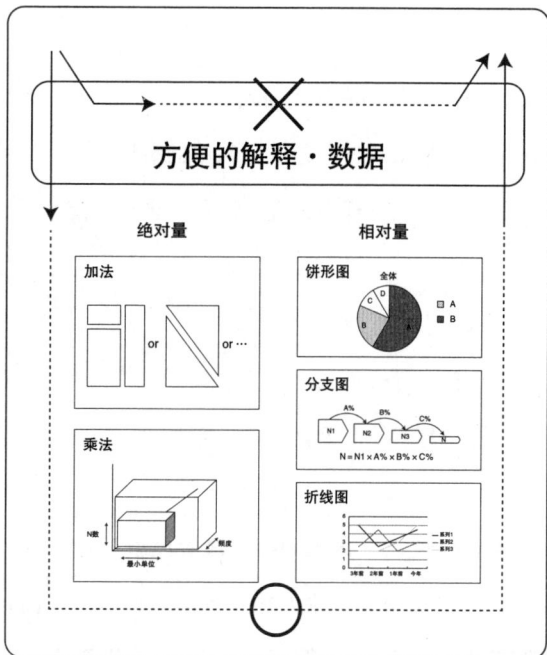

图表2-33

所谓分析就是分解·定量用加法或者乘法、定性用要素或者过程予以分解

·不要为表面数字所迷惑，要深化侵入角度

第3章

评价
——让思考过程透明化

商务中的所谓评价是要判断
"是好""是坏"

◎〈故事〉与去年相比增幅为1.5%是不是恰当的
计划

在某个生活用品制造厂商的销售会议上，发生以下
议论。

A："主打产品香波X的销售额，本年度与去年相比增
加了1.5%，几乎和计划的一样可以说干得不错。"

B："不对不对，1.5%可以说是按照计划来的，但我感
觉这个增长率过低。其他公司的情况似乎更好，而且可以
看到我公司产品份额在下降的征兆。"

A："市场整体的动向也好，其他公司的动向也好，我
们的计划不是在考虑这些因素的基础上制定出比去年增加

1.5％这一比率的吗？你说要随意改变目标之类的话，我就感到为难了。"

B："你这个想法不是有点官僚吗？计划确实是你说的那样，但对它的最后修改都是一个季度以前的事了。我想现在的感觉更为重要。"

◎商务就是连续的"评价"

在商务中，如果你听到"评价"这个词，脑海里会浮现出什么？当然，这也和从事的是哪种工作有关系，比如说，如果是人事、总务方面的人，就会说"人事评价"。其实，"人事评价"不仅对评价方面的人重要，在被评价的意义上，对很多人来说，也是重要的关心所在。

再举个例子，如果是搞产品研发的人，提到"评价"，就会想起非常熟悉的"性能评价"。还有，如果从部长或是业务部长的视角来看的话，就会在评价去年实施的策略、此后想实行的战略的状况中，开始进行评价。

评价这一词语就是这样在不同的场景中被使用，其对象不局限于"人事""性能"抑或是"策略"，在"事情做得怎样"的维度上，可以将其定义为判断"是好是坏""是好事还是坏事"的行为。

◎与什么比较——思考比较对象

让我们来更具体地看一下。

这里有一块价格为300日元的肥皂。如果有人要求你对此作出"是贵还是便宜"的评价，你会怎样想呢？

肥皂通常是作为日用品卖的东西，一般来说100日元一块。这块300日元的肥皂，确实贵。另一方面，外国进口的高级肥皂是1000日元一块。这块300日元的肥皂与之比的话，又相当便宜。当然，会有人想到这到底是什么样的肥皂，想要判断是贵还是便宜，自然就会想到和其他肥皂相比。

我们再举一个网球场的例子来思考一下。比如租用市中心的室内网球场，是两小时1万日元。这个价格是高还是低呢？

市中心的室外网球场是两小时5000日元，郊外的室外网球场是两小时2000日元。在这种情况下，我们通过与其他网球场比较，得出的结论是"贵"。

还有，条件一致，和市中心其他室内网球场相比的话，也可以说不贵。进而，把它作为四个人娱乐两小时的活动来考虑，比如说和打高尔夫相比较的话，也可以认为相当便宜。

因此，根据拿什么来作为比较对象，评价也会随之变化。既然如此，和什么比较为宜就成为必须思考的问题。像"和这样的事物比较也没办法啊"那样的话，即使强行进行评价，也没有说服力。

那么，为了做出评价，怎样决定比较对象为好呢？我们来看一下其他例子。

比如说，想开办面向法人客户的研讨班，来研讨班参加研讨的人数是500人。那么，这个人数是多呢还是少呢？如果评价的话，拿什么作为比较对象为好呢？比如说：

Ａ：和上次（三个月前）开办的面向法人客户的研讨班参加者人数相比

Ｂ：和去年同期开办的其他主题的面向法人客户的研讨班参加者人数相比

Ｃ：最近在其他地域的分店开办的同一主题的研讨班

参加者人数相比

有上述三个选项的时候，和哪个选项相比比较恰当呢？

选项 A，虽说是三个月前举办的，但在时间相对靠近这一点上是可以的。但如果三个月前正好赶上诸多预定参加企业的决算期，客观上难以募集客户，就难以进行单纯的比较。

就 B 选项而言，尽管是一年前的事，但在年度的时间点上来说是同一条件。但是如果对客户募集有影响的主题和今年不一样的话，仍然难以进行单纯的比较。

就 C 选项而言，尽管满足了"时期相同""主题相同"的条件，但如果举办的分店位置和这次不同的话，仍然难以进行单纯的比较。

选择比较对象是非常重要的，但发现恰当的对象并不容易。

在这个案例中，必须考虑的是"对客户募集有影响的条件"。就这个例子而言，就是"时期""主题""举办地点"，如果有所有条件都与评价对象一致的比较对象当然是最好的，但是在像 A—C 那样总有些条件不一致的情况下，就要求我们判断作为比较对象何种条件一致更有说服力（一般来说，影响大的条件要一致）。

选择比较对象之际，要将以下几点牢记于心：

·"淘出"构成的条件

·努力选择与比较对象条件一致的对象

·（在并非所有条件一致的情况下）判断何种条件一致更重要

◎比较本来的目的究竟是什么

选择作为比较的对象时，比较目的就变得重要。

比如说，我们要评价东京都，假定有以下三个视角：

·和纽约比较如何

·和大阪比较如何

·和全日本比较如何

如果是评价东京都作为都市在世界上的魅力的话，就应该采用纽约这个视角；如果是评价其在日本行政都市中的特色的话，就应该和大阪相比。另一方面，如果是在与全日本比较中因为东京都显示了特殊性而欲了解两者差距的话，与全日本平均相比较的意义也就出来了。

同样道理，就本部门选择比较对象而言，与全公司平均水平比较也是一个做法。但是，与规模相当的组织比较、与担当同样任务的部门比较有时会是更恰当的，所以我们还是根据目的来选择比较对象吧。

还有一点需要提醒大家注意，那就是比较的前提是否妥当的问题。

比如说，我们在考察晋升课长考试结果时，如果参加者是在同样的环境下接受的统一考试的话，通过比较分数来进行评价就是可能的。另一方面，"课长"这一职位虽然是相同的，但如果我们是要评价本年度的业绩的话，由于组织所处的环境和所定目标的内容都不一样，就不能将对 A 部门的课长的评价和对 B 部门的课长的评价简单对比，这是不言自明的。

再扩展说几句，在这个例子中，"都是公司的课长"这个条件是一致的，但在要求我们进行比较的例子中多是更复杂的情况。比如说，在人才市场中的评价，如果在大企业担任组长的 A 先生和在奔驰公司担任课长的 B 先生选一个，如何比较呢？

因此，深切理解在前提的条件中哪些一致、哪些不一致之后，才进行比较是非常重要的。

◎意识到"时间 × 范围"，使变量一致

下面我们来看一下这个问题，"新入职员工第一年的离职率，本年度为5%。这个比率是高还是低呢？"我们试着评价一下。

首先，在"和什么比较为好"的意义上，时间轴是有代表性的视角，也就是说，和去年或者五年前相比如何，我们可以考虑和本公司过去的实际情况相比。

当然也可不局限于和本公司过去相比，还要和其他公司相比。那是因为比较行业的离职率、竞争对手公司的离职率的方法可能会对我们有启示。在这种情况下，就和行业平均的比较而言，还是要率先进行本公司与同行业的比较；即使与个别的对手公司比较，假设有拥有1000名员工

的 A 公司和拥有100名员工的 B 公司，自然要选择与本公司员工数相近的那个。

还有，刚才说的时间轴，比如说，五年前采用了30名，去年采用10名，而今年采用的又是30名的话，如果和五年前比较的话是因为采用人数相同；如果和去年相比较的话，是因为新员工的气质和倾向和今年的相近。

选择比较对象之际，我们就这样自然地寻求着"类似性"。也就是说，让比较项目以外的条件尽量一致。我们可以认为，存在着这样一个前提，这样做就会更加提高比较的意义。

也就是说，选择比较对象时，有必要尽量使变量一致。

至于变量到底包括哪些，我想只要意识到"时间轴"和"范围"就行了。

关于时间轴，与最近的状况比较是通常的做法，但如果过去的某一时点与现在的相似性高的话，也有采用该时点作为比较的时间轴的做法。

关于另一个变量"范围"，其具体所指根据评价的对象而变化，分别指作为"什么"（What）与何者比较为宜，作为"哪里"（Where）与何者比较为宜，作为"谁"（Who）

与何者比较为宜，抑或是以上三者的组合。

还有，有时候并非所有变量都能保持一致。在这种情况下，就要看透是哪个因素对结果影响最大，努力使该因素一致就变得重要了。

就刚才的案例延伸来看的话，就要好好看透到底哪个重要，是行业吗？是采用的人数吗？抑或是新员工在员工总数中所占的比例吗？这不可泛泛而论。如果该公司在地方城市设有总部的话，使"哪里"（Where）优先于行业就会比较好，就像这个例子表明的，具体问题具体分析甚为必要。

即使聚焦于重要性高的事物，也有无法使合适的对象达成一致的可能性。在这种情况下，要事先认识到哪点一致、哪点不一致，以及确实共有评价的前提。

我们来总结一下。为选出恰当的对象而需要具有的视角，是"时间 × 范围"，按照以下三个步骤就可以把握二者。

1.使条件一致。

2.（即使在第1步没有使所有条件一致也）至少要使

影响大的条件一致。

3. 在理解哪个条件一致、哪个条件不一致的基础上予以评价（并且让大家知晓这种一致、不一致的状况）。

实际上，往往有这种倾向，那就是做了第1步的努力，但由于少有方便的评价对象，便放弃了第2、3步。是否在这里努力，会使最终的评价产生很大的差异。

那个"评价"恰当吗？

◎〈故事〉该优先开发三个新产品中的哪个？

D公司是一家制造汽车零件的公司，该公司在开发三种新产品。

但是，由于开发经费遭到削减，就需要决定优先开发哪种产品。坂口先生是开发部的课长，部长委托他在下次会议上针对"在三个产品中应该推进哪个"的议题提出自己的方案。坂口因此分性能、预计销售额、开发成本和风险四点经过五个阶段对三种产品进行了评价，提议对综合得分最高的产品A进行优先开发。然而……

制造部长："虽然产品A得分最高，但考虑到风险，我不能赞成优先开发A产品啊。"

坂口课长："关于您说的风险，正如我提案上记载的那样，已经进行了恰当的评价。"

制造部长："确实像你说的那样已经进行了评价，但总觉得有点不能接受。"

企划部长："产品 A 在预计销售额中排名第二啊。我想还是应该推进预计销售额最高的产品 C，难道不是吗？"

坂口课长："分数的评判不仅仅依据预计销售额，是综合考虑其他因素才做的评判。"

企划部长："打分方法也不能说不好，但平均分数最高的产品 A 没给我留下什么印象啊。"

开发部长："把方案带回去探讨一下吧。"

坂口课长："明白了。"

◎首先抓住"绝对值"来理解"倾向"

要掌握评价对象的话，这里要先试着思考一下如何进行评价为好。

首先浮现在我们脑海的应该是评价"是大是小""是冷是热""是高是低""是长是短"等绝对值的视角吧。

当然，还有一种是评价"是增是减""是伸是缩"等倾向的视角。

从这两个视角出发，正确理解发生了什么并掌握其意义，是我们进行评价之际基本的思考方法。

·作为"绝对值"正确理解，然后"通过代入评价对象"来附加意义
·作为"倾向"正确理解，然后"通过代入评价对象"来附加意义

最后要对这个意义是好是坏进行判断。也就是说，"进行评价"这个行为可以分为绝对值评价 × 倾向评价 × 判断这三个行为来思考（图表3-1）。重要的是，正确认识事实并掌握其意义，如果在这里失当，就会产生没有说服力的判断。

作为判断的评价	
绝对值的评价	倾向的评价

图表3–1

◎可分之物与不可分之物

现在我们来看一下"绝对值""倾向""判断"这三者的意义。

就下面的两个问题，我们来思考一下。

"今年东京8月份的平均最高气温是28摄氏度。请评价今年是冷是热。"

"今年8月份的营业额是100万日元。请评价8月份是畅销还是滞销。"

因为两者都只提供了8月份的情报，所以无法进行评价。因此，比如说我们要对气温做出评价，就要与去年8月份的平均最高气温进行比较；要评价营业额，就有必要与7月份的营业额进行比较。

那么，我们在这里稍微思考一下气温28摄氏度这个数字和营业额100万日元这个数字所具有的意义。首先，气温28摄氏度，作为绝对值存在着28摄氏度这个值。另一方面，营业额的100万日元又是什么情况呢？这个数字在绝对值的意义上也确实是100万日元，但由于营业额是累积起来的，可以把100万日元分开来看。

比如说，假定存在图表3-2那样的两种情况。每种情况下，7月份的营业额都是80万日元，8月份的营业额都是100万日元。

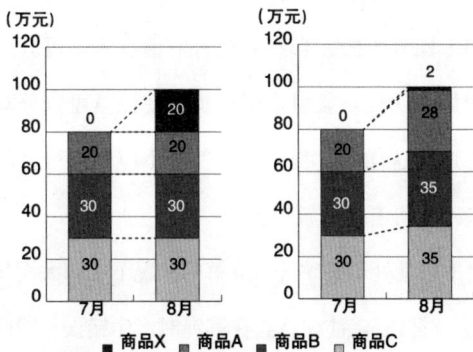

图表3-2

图表3-2右图显示的状况是，从商品 A 到商品 C 整体销售态势良好，营业额相比上月都有所增长。另一方面，我们从左图可以明白，从商品 A 到商品 C 整体销售态势与上月相比没有变化，8月份营业额的增长依赖于商品 X 销售额的增长。

这是将营业额100万日元按照商品分类进行划分所看到的结果。假设商品 X 是8月份开始投放的新产品的话，就可以对右图做出"商品 X 的贡献度还几乎不存在，8月份营业额的增长主要依靠既存商品"这一解释，而对左图则可以说"在既存产品的销售额没有变化的情况下，新商品 X 对营业额的增长贡献巨大"。

正如上面分析的，当我们拥有的值自身不可分割的时候，思考如何比较对象引入就行了，在该值可以分割的时候，就要遵循这样的过程：先判断应不应该进行分割，然后在此基础上再考虑比较对象。

如果本来就处于必须进行分解的状况下，却大而化之地"胡子眉毛一把抓"，往往就会在解释时产生错误。因此，就有必要先考虑"分解"。

◎通过"变化"与"偏离"来评价倾向

让我们从"变化"和"偏离"两个角度来评价倾向。这也与评价的两大维度"时间"与"范围"相符。

首先，我们从"变化"的角度来看一下。

我们假定，在与去年的比较中，我们知道了"增长了"这一状况（图表3-3）。

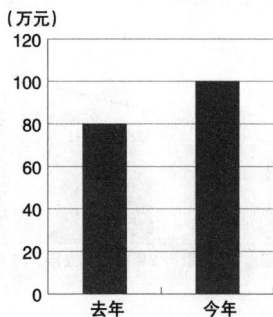

（万元）

图表3-3

　　但是，如果我们不试着看一下再稍微往前一点的情报，就不会了解从去年到今年变化的意义。

　　图表3-4的最上边一图表示的是一直增长中的去年和今年，正中间的一图表示的是时增时减的去年与今年。两幅图在某种程度上，在是过去的延长因而可以预测的意义上，也许可以说其变化都没有意义。另一方面，最下一图所显示的状况，明显在于与此前不同的倾向。如此一来，三图分别显示的就可以评价如下：

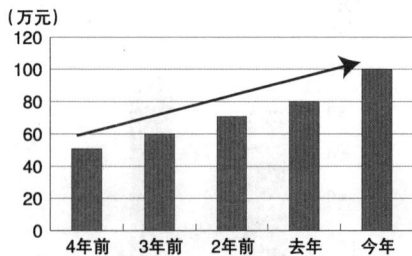

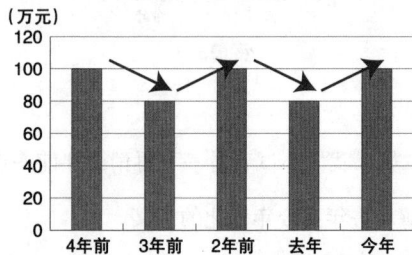

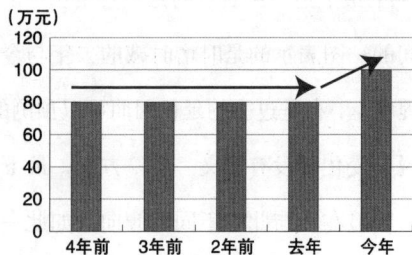

図表3-4

最上一图：从去年到今年一直在增长，可以说没有意外

正中一图：尽管从去年到今年增长了，但这是周期性的一环

最下一图：只有从去年到今年增长了

同样道理，我们也可以试着思考一下范围的倾向。

假定有10名课长参加了升任部长的选拔考试。

A 先生的分数是70分。因为仅有这个情报无法进行比较，与10名考生的平均分数相比是一个方向。如果10名考生的平均分是60分，而70分比平均分高，我们似乎可以做出 A 先生优秀的评价。

然而，如果我们不知道10名考生得分的分布情况，就无法做出恰当的判断。

我们假定包括剩下的9名考生在内的10名考生的得分分布情况如图表3-5所示。不管在哪一种分布中，A 先生的得分都是70分，考生整体的平均分都是60分。

在最上一图中，尽管 A 先生的得分最高，但我们可以认为他与其他人的差距并不大。

正中一图也是一样，A 先生得分最高，但从 B 先生到 E 先生，得分都是70分，因此并不能说只有 A 先生成绩突出。

最下一图的情况是，在与平均分比较的意义上，A 先生确实属于优秀组的成员，但平均分是被 B 先生、C 先生、D 先生这几位特别优秀的人拉高的，且 A 先生与他们这些优秀成员相比处于劣势。

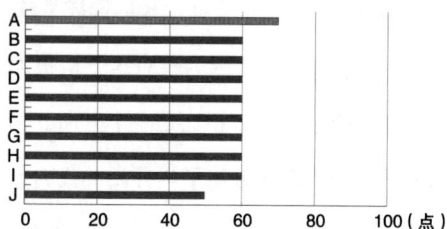

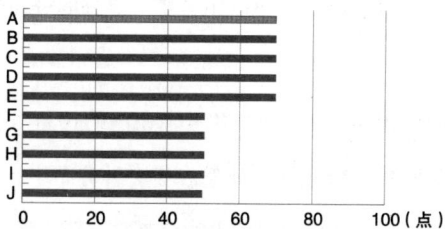

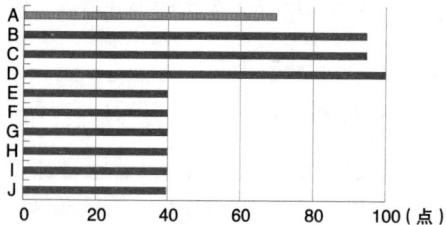

图表3-5

因此，把 A 先生的得分和平均分60分进行比较后予以评价，是"题中应有之义"，但更重要的是，不限于将其得分与平均分比较，再将其与整体状况、其他的个人进行仔细比较，就能够准确把握"偏离"。

进行"评价"时，请注意这里！

◎〈故事〉为何未能应对大宗订货？

柴田先生在精密机器制造部担当库管。

柴田的职责是根据销售部预测的数字组织生产，把产品保质保量地交给客户。同时，为了让公司现金流充裕，又有防止库存积压的必要，控制库存标准让他疲惫不堪。

一天，销售部通报，预测有2000套订货，交货日期为6个月后。通常制造2000套产品的话，需要5个月前就开始制造。但是，在前年，尽管按照销售部有大宗订货的预测进行了生产，却因为该部最终向下修正了订货预测，结果造成产品库存积压的特别损失。这个教训飘过柴田先生的脑际。

正因此故，柴田先生决定"首先制造预测订货量的一半，也就是1000套，等接到正式订单之时，再制造其余部分。"这也得到了上司的认可。

1个月后，柴田先生询问销售部，却得到这样的回答："本来预定6个月后交货，现在对方改为要求提前1个月交货。这没问题吧？"

柴田先生陷入窘境："无法处理啊。即使三班倒进行制造，也有500套来不及生产啊。"接着，他向销售部说明了情况："对不起，1500套可以提前一个月交货，剩下的500套来不及啊。"

得此消息，该部部长态度强硬地催促道："柴田先生，怎么回事？此次客户提前交货的要求，也就是按照通常计划稍加提前的程度。你说会有500套来不及生产，也太离谱了。这样的话，订单不是就无法完成了吗？！"

（前年，向下修正订货预测，导致库存积压。以致矫枉过正，轻视销售行情好转的可能性……）

◎使用"时间轴"进行评价的困难所在

在前一节，我们确认了仅仅比较"今年"和"去年"

也看不清倾向的情况。那么，现在我们来探讨一下，实际上怎样做更好以及要提前注意什么。

通过时间轴来看倾向的情况下，人们产生的第一个疑问就是，回溯多少年为宜这个问题。话虽这样说，但人们也有感觉没必要回溯太久，比如说50年。其理由很简单，就是太古老了。

50年前的环境前提与现在的环境不同，已无法作为评价进行比较条件。

如此一来，对回溯多长时间合适的一个回答就是，追溯到可以认为与现在环境一致的范围为止。还有，在观察倾向这个意义上，至少有必要回溯数年；条件允许的话，有必要回溯到能够看到特征的变动为止。

〈通过时间轴来看倾向的情况下的标准〉

· 回溯数年

· 回溯到能看到特征的变动

· 以能够认定环境一致的范围为限

还有一个 N 数少的问题。以年度为单位的数字，不能仅仅按年进行比较。进一步说，如果是像营业额那样的数据，因为是日单位和月单位累积而成的，所以予以分解的话，就可以增加比较的对象。

另一方面，关于一年发生一次的事件等，比较的对象是限定死的；同样，经年才能取得成果的"农业"等产量的比较，必须在限定的样本数中予以评价。再多说几句，对于是否一年才有一次的稀有事例或者十年才有一次的规划之类的事物，我们有时是难以找出比较对象的。

还有，从比较的观点来看，为了评价实施 A 案的效果，就要比较实施 A 案的效果和不实施 A 案的效果。但是，现实的情况是，一旦实施了 A 案，不实施 A 案的效果就不会发生，就难以直接比较两者的状态。就是这样，有时候比较的对象本来就找不到。

在难以找到比较对象的情况下，有必要进行下述努力：

· 努力寻找类似的事例、现象
· 寻找尽管没有相似性、但作为比较对象也许有意义的现象

·不依赖比较，为评价另设标准并赋予其意义

◎对定性的情报进行评价要用状态来定义

到此为止，我们是以定量的标准为前提展开讨论的，现在我们来看一下，在得到定性的情报的情况下，怎样做更好。

比如说，评价团队的积极性高低时，比较以下两个要点来思考一下：

"本月的销售额是100万日元，这是高是低呢？"

"团队的积极性是高是低呢？"

我们马上就应该感觉到，前者正如我们此前考察的那样，只要思考把销售额和什么比较就行了；而后者的情况是，如果我们不对"团队的积极性"为何物予以明确，就更不知道该说它是高是低了。因为销售额100万日元是个明确的事实，所以我们可以往前一步进行讨论，而定义"团队的积极性"是进行讨论的出发点。

也就是说，有一种策略可以为我所用，描述所谓"团队的积极性高"是一种怎样的状态，然后思考需要评价的

团队是否符合该状态。

举例来说对状态的描述：

·多有面向未来的发言

·成员多面带笑容

·提案多……

在考虑以上诸点后予以评价。

然而，这里有一点需要注意，那就是被评价对象满足这个状态定义之时，容易思考过头，比如说认为"提案多等于积极性高"。本来的话，有必要再进一步追问，到底有多少提案？接下来对照被评价对象的现状，看能不能说确实"多"，关于此点，进行评价之际，要将选择比较对象牢记于心。希望大家不要停留于"因为来自部下的提案多，所以可以认为团队的积极性高"这种层次，而是要达到真正能够评价的"因为来自部下的提案比去年多了10件，所以可以认为团队的积极性高"这种层次。

就定性情报的评价进行总结的话，重要的是，先给状态定义，然后不停留于此，而是接着思考，直到引出定量化和标准。

◎便利的工具"调查问卷"的死角

"问卷调查"是与对定性情报的评价相关联且被经常使用的工具。

然而，这个问卷调查实际上大有玄机。我们先来考察一下几个必须注意的点。比如说，在常置于餐厅等地的问卷调查中，在"是否满意"项下常有分为以下五个等级的格式化安排：

⑤非常满意　④满意　③一般　②有点不满　①非常不满

评价此类调查问卷的结果时，有两个要点。一个是刚才的例子中所见的定义问题。也就是"满意"是指怎样一种状态这个问题。另一个问题是，如何确定把满意度分为四个或者五个等级的标准，且让被调查者接受。

为了显示问卷调查结果的意义，正如我们此前所见，有必要在过去的时间序列中注意升降的倾向，抑或是在与其他店铺的比较中观察满意度的高低。因此，单凭客户满意度的平均分是4.5这一情报，我们是无法判断客户是否处于满意状态的。

还有，将客户满意度分为四个或者五个等级容易导致人们将其像定量数据那样来把握，但实际上背景中有客户的主观因素存在。因此，与其作为定量数据来把握，不如视为定性数据，这样才能规避过度依赖问卷调查的风险。

另外，因为操作方法的不同，也有导致调查问卷结果不同的可能性。就餐馆的例子来说，在等待用餐时漫不经心地在置于桌上的调查问卷用纸上填写和店员直接来到客户面前称要进行问卷调查并且客户可以得到价值数千日元的图书卡作为配合调查回馈这两种情况，客户回答的认真程度也不一样吧。还有，调查问卷内设问的写法不同，收集的情报也会有变化，选项设为四个还是五个，结果也会有异。

因此，尽管有些重复，在此还是要再说一次，不要过度依赖问卷调查。

还有，在问卷调查以外尚有其他手段，比如说深入思考感到满意的客户会采取怎样的行动，建立"满意的客户理应会回头"这一假说，用回头客户数作为满意度的代替指标。通过调查回头客在整体营业额中所占的比例，就能够评价"满意"。可以用能够控制的代替指标来评价是具有客观性的事实，能意识到这一点就好。

◎最后的判断还是"主观"决定。因此，把思考过程透明化显得非常重要

到现在为止，我们探讨了如何评价，终于到了下最终判断的时候。

首先我们来探讨这里所说的所谓"判断"的所指。

在商务中，评价的最终目的是要做出一种决断，是把目前的状态看作理想状态原封不动地保持下去呢，还是把它作为一种有必要采取某种行动的状态呢？因此，为了达到这个目的，所谓必要的判断就可以简单地表述为将目前状态定性为是好是坏。也可以换个说法，那就是能够进行肯定的解释还是否定的解释。

如此一来，最后的论点就成为以何为善、以何为恶这

一"如何决定善恶标准"的问题了。

但是，有必要再提前仔细看一下。

"销售额与去年相比增加了10%"这个表述，实际上我们要明白，应该把它作为"好"的状况来看，还是做出"不够好"的判断，要有一个标准。

假设增加了80%的话，大部分人都会说好。另一方面，假设只增加了1%，那么判断其为"平稳"而不是好的人似乎就会很多。也就是说，我们可以认为，在1%—80%之间的某个地方，存在着一个人们据以判断好不好的标准值。

但是，要让大家的议论就这个标准达成一致是至难之业。有人会把增加20%评价为好，但也有可能会有人认为尚显不足。

为了填平人们议论的鸿沟，为何20%会成为评判好坏的分歧点，就此我们要陈述理由。作为赋予理由的方法，比如说，我们常常看到的是如下以赋予定量含义为主（偶然有定性含义）的方法：

· "20%这一数字与过去相比也能进入前三"这样的比较视角

· "能达成20%的话，就可以有〇〇万日元可以用于投资"这样对效果的具体化

但是，假设对选定20%这一数字赋予定量的根据，这能否被认可也会因人而异，也包括针对"为何10%就不行呢？"这一议论实际上难以赋予理由的情形在内，最后的"好""坏"标准依据个人主观的部分尤大。

在这里我们能说的是，即使乍一看自己拥有客观的评价标准，就过于自信地认为对方就理应会以此为基础进行相同的评价，这是一种危险的行为。

因此，在评价中透明性是重要的，评价的标准以及是以何为善、以何为恶做出的判断，都要一一向对方准确传达。也就是说，明确评价的前提并传达到位是重要的。

第3章 小结 >>

· 评价的关键是选择对象，意识到"时间 × 范围"并使变量一致

· 抓住"绝对值"，理解"变化与倾向"

· 最后是主观的东西，所以要使思考过程透明化

第**4**章

提高“假说”的精确度

以事实为起点，建立假说

◎〈故事〉为何客户流向作为竞争对手的其他公司？

渡边先生负责面向主妇的"口口相传"网站的广告栏的销售工作。此前只需要宣传网站的魅力，广告栏就卖得很好，但最近竞争网站增加了，客户对"费用效果比"也认真起来，就如何提高客户的商业资源和网站的亲和力提出建议变得重要起来。一天，渡边先生从负责大客户的部下那里得到消息："（大客户）想换其他网站（做广告）"，于是他去与上司探讨如何拉回大客户。

渡边："这个客户以贩卖面向育儿中的宝妈们的商品为主营业务，而我们公司作为贩卖广告栏的网站却在某种程度上以结婚时日尚浅的主妇们的口口相传为中心，因此客户说想换到竞争对手的网站去做广告。"

上司："渡边先生的意思是，客户说我们网站因为是面向年轻的主妇的，所以不行。那这是为什么呢？"

渡边："客户的商品是面向育儿中的妈妈们的，所以选择和这个目标一致的我们的竞争对手的网站比较有利（这不是明摆着的事吗，为什么还要问呢）。是不是放弃这个客户为好？尽管还是想做点什么让这个客户继续在我们网站继续投放广告……"

上司："虽说是目标不一致，但是不是话也不能说绝对了，比如说没有孩子的年轻的主妇，此后也会生孩子吧"。

渡边："话虽这样说，但我想客户在与自己公司目标一致的网站投放广告是通常做法……"

上司："这只是该客户的负责人目前的想法吧？如果只是把这当作'通常做法'，我们就不会有新的开始。"

◎要区分事实与意见

在我们即将对"假说"展开思考时，首先我们要整理一下对"事实"和"意见"的观点。

假定你看到面带笑容说话的 A 先生，你感到 A 先生很高兴。因为是在眼前面带笑容说话，很高兴这个判断不会错吧。但是，在是不是事实这一观点来看，就会是这个样子，A 先生不是"很高兴"，他只是"在笑"。

"A 先生在笑"（事实）

"A 先生很高兴"（意见）

尽管会稍有差别，但我们还是可以说，事实是不管谁来看都不会变的东西，是发生的事情或者现象；而意见则是如何对该事实进行把握，是加入了思考者本人的解释后的一种状态。

在会话中，无论是传达"A 先生笑了"，还是传达"A 先生很高兴"，两者传达的是同样的情景，接收信息的一方听的时候也不会严格区分是"笑了"还是"很高兴"。

另一方面，在思考假说时，是从事实出发还是从意见出发来思考，则有巨大的差别。于是，首先必须予以控制的是事实。因此，此后的行文我决定以事实为基础来思考假说。

◎ "假说"中起点俨然存在

思考假说时，我们还要先来看一个论点。那就是，是否有必要有一个成为其成立契机的"某物"。

比如说，我们假定下雨了。如果有人见此，"明天也会继续下雨吧"的想法飘过脑际，我们就可以说他是以雨为起点建立了"明天也会如此"的假说。

另一方面，也并非没有这种情况，那就是没有作为起点之物，仅仅是想起来这一过程。还有一个思考方法，那就是，即使是在仅仅想起来的情况下，严密来讲还是有某种过程，头脑中绝不会从完全空白的状态想起某个东西。而笔者则认为，不自觉地因而没有明确起点地想起某物事情还是有的，不能绝对否认其存在。但是，"以莫名其妙之物为起点想起某物"的行为，在再现性（指"能够再次出现的性质"——译者注）的意义上，是偶然的行为。还有，在与他人共有也就是理解的意义上，"尽管莫名其妙，这个事情在我脑中一时闪现……"的想法，是否具有说服力而被他人接受，我们不得而知。

因此，笔者决定在本书之中，对符合下述前提的事物

展开思考：有成为某种起点的情报，由此出发建立了何种

假说。

所谓"假说"是怎样的思考？

◎〈故事〉营业额去年增长5%，今年也会增长5%吗？

安井先生在一家医疗机械厂工作，就职于营业企划部。他和企划部长正在参加会议，会议的主题是决定如何设定明年的销售目标。部长是今年一月才来的，所他把设定数字的任务交给了安井先生。

安井："过去5年销售额的实际情况比较稳定，每年增长5%。3年前推出的新产品销售情况良好，足以覆盖现有产品销售额的下降。我想来年的销售目标也设定为比今年增长5%就可以。"

上司："可以稍等一下吗？安井先生是根据什么理由设定了5%这一增长率？"

安井："我是根据过去五年的趋势预估的这个增长率。来年不会推出新产品，所以难以预测啊。"

上司："你这个前提我有点不明白啊，到去年为止的趋势一定会持续到今年吗？有竞争力的新产品的情报呢？既存产品的下降幅度难道没有比现在更大的可能性吗？获得了来自销售部门的情报了吗？"

安井："（有点不明白啊）明白了。我还是先去销售部门打探一番吧。"

过了几天，安井先生去销售部长那里打听今年的销售、客户以及竞争的状况，部长告诉他，竞争就是要开发新产品，主要客户还参加了试验。部长还告诉他，一旦该产品开始销售，现有产品的销售额会有相当程度的下降。

安井先生长舒了一口气："还是提前问一下才是正路啊……不过原来认为会增长还是对了。"

◎假说中有"过去""现在""未来"三个方向

从现在起我们要对"假说"予以探讨，对于所谓"假说"是什么，我们先蜻蜓点水式地说几句。

在商务中，接触某种现象的机会为数众多，我们以该现象为起点可以考虑种种"临时的"的答案。由于实际上无法确认，所以这种种答案就成了"假"的"说法"，正是从思考"假说"开始，"调查哪种情况更好"的想法就产生了，这样就可以迅速且高效地判断现象。那么，我们就来看一下实际上会有怎样的假说。

假定我们判明了这样一个事实：在现在的首都圈，商品 A 的销售额与上月相比增加了10%。

以"在现在的首都圈，商品 A 的销售额与上月相比增加了10%"这一现象为起点能够在头脑中构建出怎样的假说呢？比如说：

商品 B 的销售额不是也增加了吗？

商品 A 的销售额在关西圈不是也增加了吗？

像上述这样的假说就会被构建出来。在此情况下，我们可以认为它们都是从作为起点的事实出发，进而类推现在发生的事情之物。

还有建立另一类假说的情况，比如说：

这个增加，只会暂时持续吧？

商品 B 的营业额也会增加吧？

假设建立了上述假说。这些假设中的任何一个，都是从作为起点的事实出发进行预想，针对未来建立的。

同理，从"在现在的首都圈，商品 A 的销售额与上月相比增加了10%"这一事实出发，还有最后一类可以建立的假说：

这是因为促销起作用了。

这是因为客户的兴趣点发生变化了。

假设建立的是上述两个假说。这类假说是从成为起点的事实出发向过去追溯其原因而得以成立的。

也就是说，我们可以认为，在假说之中，从成为起点的事实出发大致有"面向现在""面向未来""面向过去"三个方向。详细来说，在其各自方向的背景之中头脑的使用方法分别是：面向现在的用类推；面向过去的用因果关系的推定（在这里，简单地称为"因果"）；面向未来的用预测（图表4-1、图表4-2）。

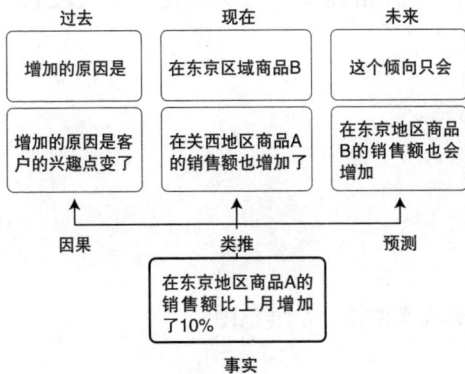

过去	现在	未来
增加的原因是	在东京区域商品B	这个倾向只会
增加的原因是客户的兴趣点变了	在关西地区商品A的销售额也增加了	在东京地区商品B的销售额也会增加
因果	类推	预测

在东京地区商品A的销售额比上月增加了10%

事实

图表4-1

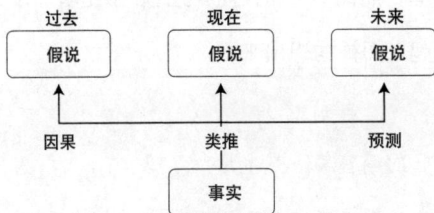

过去	现在	未来
假说	假说	假说
因果	类推	预测

事实

图表4-2

所谓面向现在的假说就是"类推"

◎寻找类似性，扩展范围

让我们仔细看一下刚才的两个假说，它们是以"在现在的首都圈，商品 A 的销售额与上月相比增加了10%"这一现象为起点而被构想出来的。

商品 B 的销售额不是也增加了吗？
商品 A 的销售额在关西圈不是也增加了吗？

首先看第一个假说，"商品 B 的销售额不是也增加了吗？"这个假说是将商品 A 这个对象扩展到商品 B 而被构想出来的。

为什么会想到商品 B 也有同样的倾向呢？就此会有种

种解释，比如说：

　　商品 A 和商品 B 都以同样的客户圈层为目标

　　商品 A 和商品 B 都致力于促销

　　由诸如此类的解释出发，得出"发生在商品 A 上的事情在商品 B 上也会发生"的结论。也就是说，假说是通过探求商品 A 和 B 之间的类似性而被推导出来的。

　　再来看第二个假说，"商品 A 的销售额在关西圈不是也增加了吗？"这个假说是通过将首都圈这一范围扩展到关西圈而被构想出来的。

　　为什么会想到关西圈也发生了同样的事情，就此可以有种种解释，比如说：

　　和首都圈一样，关西圈也是都市地带。

　　和首都圈一样，关西圈也致力于促销。

　　由诸如此类的解释出发，通过对比首都圈和关西圈之间的类似性而推导出假说。

如上所述，面向现在的假说的思考方法就是类推，正如其字面所示，这个方法是通过从成为起点的现象出发探求类似性而进行的，扩充对象或者范围构成该构想的根本。

所谓面向过去的假说就是选择特定的"因果"

◎ "原因"和"结果"之间的联系难以乍见

从现在出发面向过去建立假说时，使用头脑的方法，大致说来有两种。

一个是前面"面向现在"中也出现过的"因为发生了同样的事情而进行类推"，另一个是"思考眼前的现象何以发生"。因为是沿着时间轴而进行的思考，所以顺序清晰，从中我们可以看出原因和结果的联系。

比如说，从"员工的积极性下降"这个现在的现象出发，想到过去也有同样的事情发生就是类推，而想到为什么员工的积极性会下降并推测这是由于值得信赖的上司调走了就是因果了。

在商务中，对有先例的事情采用类推法，为了某种查证和确认也会使用。尽管如此，在大多数情况下，因为面向过去的假说所追求的是，专门选定现在的现象发生的因果关系的原因，进而与未来联系起来，所以笔者认为，思考面向过去的假说时，只限于因果。

◎【要点①】是否确实存在因果关系

控制因果关系。也就是说，思考结果及其原因，是个非常容易理解的概念。比如说：

A部门的业绩下降了。(结果)

是因为上个月A部门的头牌X先生被调去海外任职了。(原因)

针对发生的结果，及引起该结果的原因——我们把这种关系称为因果关系。

然而，像这个例子中那样轻易就可以导出因果关系的情况是非常罕见的，实际上不会如此简单。因此，从现在开始我们来探讨一下掌握因果关系时的注意事项。

第一个需要注意的是这样一点，那就是（两者）是否真的有（因果）关系。

比如说，我们假定发生了营业额低迷这个现象。思考其原因时发现了这样一个事实，在营业额开始低迷的时候有来自海外的竞争对手进入。也许我们就可以预测，营业额低迷的原因就是有竞争对手的进入。

然而，我们也可以这样考虑，实际上在营业额低迷以前，提供的服务的质量就慢慢下降了，客户离开了，这才是真正的原因，而竞争对手认识到了服务质量的下降，找到了进入市场的机会（图表4-3）。

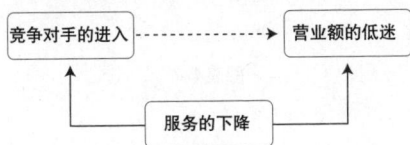

图表4-3

因此，因为时间上的偶然一致而可以进行定性的解释就把其断定为原因，可以说有些草率。两个现象的关联性是否真的是"原因与结果"，是否存在对两个现象都有影响的因素，都是需要仔细确认的。

◎【要点②】顺序是否正确

第二个注意事项，就是所谓"鸡生蛋、蛋生鸡"问题。先有鸡还是先有蛋，说的是原因和结果双方相互影响的情况。

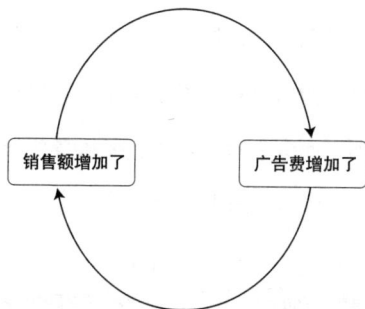

图表4-4

时常作为引证而被举出的例子有"销售额的增加"与"广告费的增加"。既可以说因为销售额增加了，结果广告费增加了，也可以说广告费增加了，因为买广告销售额增加了。何者为原因，何者为结果，这是个难以判别的例子（图表4-4）。

还有一种情况，尽管不是明确的"鸡生蛋、蛋生鸡"问题，却有两种可能性。比如说，关于人的能力"开花结果"问题。

是因为被看作有领导的素养而被任命为课长。

还是因为被强行任命为课长，经过与此职位相应的努力而掌握了领导力。

关于"发挥领导力"和"升职为课长"，都可以被认为是原因，也都可以被认为是结果。考察因果关系时，控制好顺序是重要的。

◎【要点③】原因确实就是"那个"吗？（待选原因为多个）

那么，我们来看下一个例子。

A部门员工的积极性下降了。

有两个待选原因：

上个月部长换人了。（待选原因1）
上个月进行了人事评价。（待选原因2）

那么，我们必须思考哪一个是原因。

像最初的例子那样，想定为原因的要素明显只有一个的情况下，选定原因是相对容易的；像这个例子那样，待选原因有多个的情况下，选定原因的难度就进一步提高了。

◎【要点④】原因确实就是"那个"吗？（时间轴）

我们来考察一下"因开会迟到而被部长批评一通"这一现象。

我们可以说，作为因果关系，部长生气是结果，而开会迟到是原因。

然而，尽管乍一看这个推断很有道理，但是我们假定，部长怒了的真正原因，却在于他感到平时的问候就没有被执行彻底，尽管在旨在彻底矫正课长这一层风纪乱象的会议上传达了他的想法，还是在眼前不时发生会议迟到的现象，这成了他发怒的起点。

我们称这种现象为"（压死骆驼的）最后一根稻草"。它指的是这样一种现象，尽管本质的原因在其他地方，但最近的事情却成为引发结果的契机。

因此，在眼前看到的结果及看似其原因的现象，实际上不过是表面的东西，真正的原因却在其他地方，这样的事情屡见不鲜（图表4-5）。

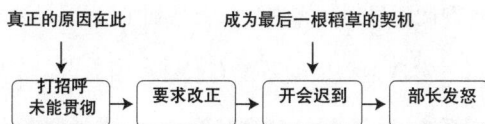

图表4-5

◎【要点⑤】原因确实就是"那个"吗？（待选原因为多个 × 时间轴）

实际上，要点③和要点④组合起来的情况很多，回溯思考的范围和待选的范围都扩大了。也就是说，选出真正的原因意味着，必须在这些待选原因中选出一个，而这实际上是非常艰难的（图表4-6）。

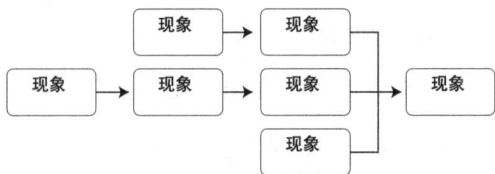

图表4-5

◎【要点⑥】用"那个"原因确实能够说明吗?

在我们调查导致"客户的投诉增加了"这一结果的原因时,结果发现是提供的系统有瑕疵。因为选定了原因,就修改了系统,但是投诉却没有消失……继续调查才发现某个营业所的接待不好也是原因。这个事例仅仅用

投诉增加了。(结果)

系统有瑕疵。(原因)

这样的因果关系是无法说明的,实际上投诉有两种,分别是:

因系统有瑕疵而造成的投诉。（结果）

因营业所接待不周而造成的投诉。（结果）

就像上面所列的那样，同样的结果可能是不同的原因造成的。因此，即使看起来能够确定的因果关系，仍要提出能否据此说明一切的疑问，提前拥有这个视角是必要的。

◎【要点⑦】进行验证的困难

我们假定，在克服了诸多困难以后，从几个待选原因中选定一个。接下来，"验证"就成为最后一道障碍。

思考验证时，首先要提醒大家注意的是，我们会遇到这种情况：对于原因，我们不得不止于定性的推定。

比如说，对于计划中可预见的瑕疵，我们可以去掉被选定的原因予以实行，来确认该计划是否能够正常运行。

但是，有些事情我们无法确认，比如说，即使认定员工积极性下降的原因在于评价制度，我们也无法逆转时间轴（让时光倒流）来予以确认。还有，即使修正评价制度也无法马上验证其效果。这就是我们刚才说的不得不止于对原因进行定性的推定的那种状况。

◎【对策①】试着在视觉上进行结构化

正如前述，实际上难以严密地选定原因的情况很常见，为了接近"恐怕这就是原因吧"这一目标，有如下几个办法。第一个办法就是对考察对象予以结构化。

为了探明原因，在时间轴上回溯，探明位于其上游（前）之物的方法是很自然的。用刚才的例子来说的话，为了弄清部长怒了的原因，就要以眼前的现象为起点进行回溯思考，使用的就是这种方法。

在这里，我们试着将以下五个现象用因果关系联系起来看一下。

加班多。

夜里睡不着。

工作效率上不来。

未能获得成果。

没有学习时间。

与刚才的例子不同，这五个现象不在一条直线上，无法直接看出现象之间的关系。通过将恶性循环的怪圈可视化，还将我们与这样的启示相连：不在某个地方切断恶性循环的怪圈，我们就没有新的开始（图表4-7）。

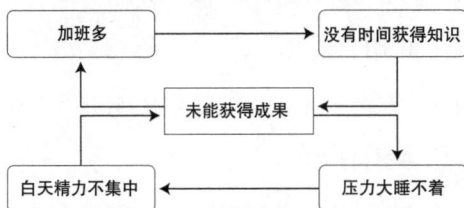

图表4-7

◎【对策②】"分解"对构筑假说也起作用

在分解那章也曾说过，为了从诸多待选原因中选出真正原因，找到真相是重要的。比如说，年轻员工的离职数像下面所示增加了，我们以此为问题，来思考一下其原因。

前年：录用人数100名 / 离职人数4名

去年：录用人数100名 / 离职人数4名

今年：录用人数100名 / 离职人数8名

人们看到这些可能马上就会思考"离职人数为什么会增加呢"，其实了解离职人数是怎样增加的才是问题关键。

离职者的内部构成，按照部门分类可得如下结果：

前年：离职人数4名（A部门1名/B部门1名/C部门1名/
　　　D部门1名）

去年：离职人数4名（A部门1名/B部门1名/C部门1名/
　　　D部门1名）

今年：离职人数8名（A部门1名/B部门1名/C部门1名/
　　　D部门5名）

在这种情况下，我们就可以认定离职人数增加的原因出在D部门（部长的指导力有问题、部门内活跃度欠佳）。

还有，如果我们把离职者按照是属于销售岗位还是技术岗位的视角来划分的话，就会获得以下结果：

前年：离职人数4名（销售岗位2名/技术岗位2名）

去年：离职人数4名（销售岗位2名/技术岗位2名）

今年：离职人数8名（销售岗位2名/技术岗位6名）

如果情况是上述的那样，那么我们就可以认为，技术岗位本身的原因（对前辈的指导未能充分吸收、来自其他公司的"挖墙脚"等）就是真正的原因。

有耐性地仔细进行分解，就像上面显示的那样，是接近创立条理分明假说之路的一个方法。

◎【对策③】用三个视角特别选定因果

为了明了因果关系，首先要无一遗漏地找出定性的原因，使用我们在分析那章也谈到过的"事物的分解"，来"淘出"真正的原因。

然后，如果已经掌握了定性的因果关系，就要继续努力看是否也能进行定量的说明。

在此过程中，至少要用"是否有关联性变化""时间吻合吗""能说明吗"三个视角来观察，这些视角都非常有用，请务必提前牢记于心。

〈是否有关联性变化〉（掌握相关）

在有因果关系的情况下，其现象间就会有相关关系。

因果关系是原因和结果之间的关系，相关关系则比这种关系宽松，它是指在稍微宽松的条件下的这样一种关系：一个要素上下波动之际，另一个要素也相应地上下波动。

因此，如果两个现象在某种程度上被认定为因果关系，在此情况下，两者之间也存在相关关系。比如说，我们把年轻员工离职的原因定性为积极性的下降，如果我们能确认年轻员工的离职和积极性之间存在联动关系的话，就能够增加说服力。

〈时间吻合吗〉

补充一点，时间也很重要。所谓有因果关系，在最低限度上也要求，原因先于结果。进一步说，要定量地分析成为原因的现象发生的时点和作为结果的现象发生的时点。自不待言，因为我们可以认为原因和结果之间有时间差，所以要确定这个间隔是否可以说明问题。

〈能说明吗〉（改善灵敏度）

最后谈一点，就是是否能定量地予以说明。在对策实施的反馈中，人们会预估能够取得怎样的效果，却往往容易忽视为查明原因而对时点的预估。在确定原因时，就要预估结果会改善到何种程度，要将此点牢记于心。

据此预估结果，我们才可能判断，仅仅靠目前选定的原因就能说明问题，还是也要思考其他因素。

◎成功时的"为什么"也非常重要

· 客户的投诉增加了
· 废弃损耗多
· 持续未能达成目标
· 未能及时共享情报

如果上述现象映入眼帘，我们的头脑中就会打出"为什么"，开始向思考引起此种现象的原因的方向运转。

另一方面，如果事情像下面那样顺利，人们不大会问"为什么"。

· 客户的投诉少
· 废弃损耗在标准以下

·目标圆满达成

·能及时共享情报

那么，在发生戏剧性的正向变化的情况下，又会如何呢?

·客户的投诉显著减少

·废弃损耗远在标准以下

·大幅超额完成目标

·共享情报的时效和精度提高

如果面对戏剧性的变化，会发出"为什么会如此顺利呢"的疑问，思考就有转向查明其理由的方向的可能性，世界上几乎没有偶然变好的情况存在。通常，为了变好，事前会采取有意图的行动，其结果是事态好转。因为有这个顺序，因果才在某种程度上是可以预测的。

与事态恶化的情况相比，在事态好转时，很少人会再回头查看因果关系，其理由也显而易见。也就是说，令人意外的是，人们不会去追究成功的要素（图表4-8）。

但是，重要的是不仅要掌握坏事发生的原因，即使在事情顺利进展时，也要努力掌握其原因。对正向的差距也要保持敏感，即使预测准确，也要将产生该差距的原因找出来。

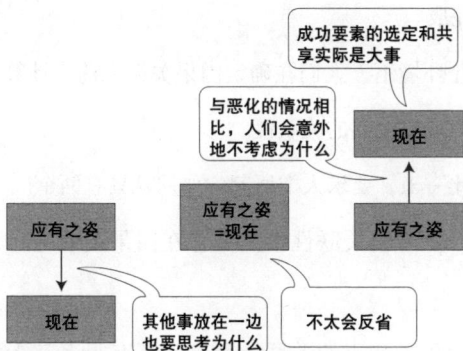

图表4-8

人们往往容易将目光仅仅投向事情坏的一面，但在将组织全体导向取得更好成果的意义上，关注正向的一面也很重要。请在评价时，掌握好两个视角的平衡。

◎要接受"说明不了的东西"

然而，选定因果的思考方法，在当下正发生着巨大的变化。

当前，我们能够轻易获得海量数据而且计算机的处理能力也足以支撑对如此规模数据的处理，所以对现象间的关联性中的以前人们认为无法处理的大范围数值计算如今也可轻松完成。

在此环境下，人们在确定因果关系之前，计算机会为人们找出现象之间的关联性。

如此一来，要求人类所起的作用就只有两个。

一个是对该关联性中是否存在因果关系进行定性的解释。

就计算机找出的关联性而言，还有很多其无法说明的东西。此时，人们该如何行动？这就是要求人类所起的另一个作用。是因为无法说明就放弃，还是尽管无法说明，却把有关联性作为事实来对待，并在决策中进一步思考，我们要在以上两个立场中选择一个。

不接受无法说明的事物是人类的本性，但如果只把能够说明的事物作为思考对象，就容易导致思考范围受限。能否将计算机为我们找到的关联性作为事实接受并作为思考的起点，是事关今后人类应如何思考的一个重要课题。

所谓面向未来的假说就是"预测"

◎ "经验法则"与"关联性"

谈了那样多，现在就要来谈谈假说对未来的预测，这才是假说的本质，我们还是和此前一样，举例说明。

首先我们假定，确认了"减肥书畅销"这一事实。以此为出发点，我们来预测一下未来会发生什么。

比如说假定，在过去，减肥书畅销之后，发生过"兴起玄米热，玄米的销量增加"这样的事，那么根据"减肥书畅销之后会兴起玄米热"这一经验法则，我们就可以认为能够预测玄米热会兴起（图表4-9）。

把"如果 A 成立，则 B 发生"这一经验法则，应用到这个例子的场合，则 A="减肥书畅销"，B="兴起玄米热"。于是，在头脑之中，确认"A"这一事实，应用"如果 A

成立，则 B 发生"这一经验法则，就可以预测"B"这一
现象。

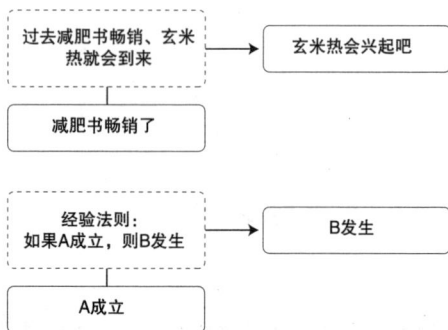

图表4-9

　　另一种类型则是预测与减肥似乎有关联性的内容：如
果减肥书畅销的话，缓步慢跑会不会流行呢（图表4-10）？
除缓步慢跑以外，似乎也可以想到游泳和瑜伽之类的运动。
因为想到缓步慢跑和游泳、瑜伽之类似乎有关联这个想法
自身是过去经验的影响，所以也有人认为这种类型是经验
法则的一种，但笔者认为虽然将两种类型严密地予以区分
很困难，但这种类型与前面所述的明显的经验法则不同，
可以说是以关联性为起点来预测会发生什么的一种头脑使
用方法。

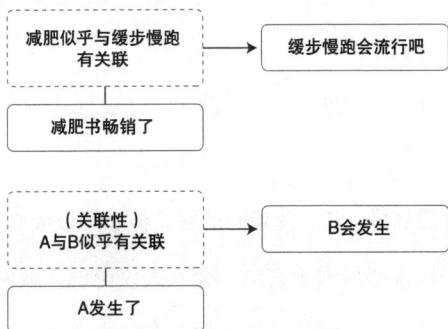

图表4-10

◎判定预测中是否存在"再现性"和"适合性"

那么，我们来更详细地看一下刚才那个"因为减肥书畅销了，所以会兴起玄米热"的预测。

因为是以经验法则为基础做出的预测，那么需要问的就是，这个经验法则是否妥当，也就是说，有必要接受"它作为经验法则真的正确吗"的检验。是不是偶然发生的？作为经验法则，我们必须看透它的再现性到了何种程度。

比如说，我们仔细看"因为减肥书畅销了，所以会兴起玄米热"的因果关系的话，就会发现其中包含着：

- 减肥书的畅销，是想把过胖的体重进行消减的意识
  的表露
- 因为玄米不容易使人长胖，所以成为减肥的手段

　　像上面那样思考，两者间的联系似乎可以成立。但是，减肥的手段未必局限于玄米。会有人议论说，虽说同样是减肥书畅销、想减肥的意识产生，在过去偶然想起吃玄米作为减肥手段，这次没准会想起其他手段。这个议论说的是，在手段的再现性的意义上，上次被选定的东西这次未必会被选定（图表4-11）。

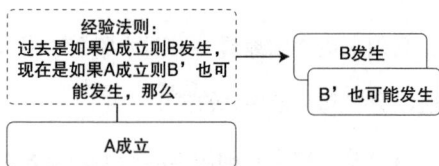

图表4-11

　　另一个重要的是适合性。经验法则因为是以过去发生的事情为基础的。过去发生的事情未必再次在现在或者未来发生，这是因为有环境变化的影响（图表4-12）。

　　比如说，上次兴起玄米热，是因为减肥书的畅销，恰

好使人们质疑食品安全的事件不时发生。以这些事件为契机，人们对食品安全的关心度上升，玄米因而受到关注。

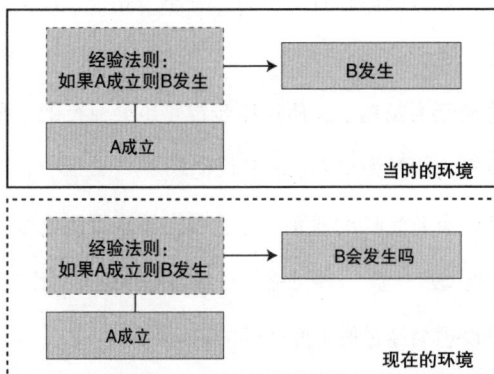

图表4-12

人们也许会议论，上面的例子在多大程度上能被纳入经验"法则"之中，但不管如何，我们还是有必要仔细考虑经验法则成立的前提（环境），并斟酌预测是否妥当。

以经验法则为基础进行预测时，要特别注意两个问题，一个是"该经验法则具有何种程度的再现性"，另一个是"该经验法则到现在是否也适用（适合性）"。

◎判定预测中是否存在"共有的前提"

那么，现在我们来看一下另一种思考路径，依据关联性做出的预测。

因为减肥书畅销了，所以缓步慢跑也会流行吧。我们以这个逻辑的背景为纽带来展开议论。

头脑中有着怎样的联系，才会做出缓步慢跑也会流行的预测的呢？——把一种可能性仔细地联系起来，比如说，我们可以设想会经过像下面那样的思考路径。

减肥书畅销是因为想瘦身的人多了

缓步慢跑是瘦身的一个手段

因此，尽管过去没有先例，会兴起缓步慢跑热吧

用此前我们介绍的联系来整理这个思考路径的话，就会发现成为起点的事实是"减肥书畅销了"。

那么，"减肥书畅销是因为想瘦身的人多了"，就成为针对这个事实而建立的解释其原因的假说。

说"缓步慢跑是瘦身的一个手段"，实际上是在说"减

肥的话，缓步慢跑也有效"这个自己的经验法则。再把这个经验法则与"想瘦身的人多了"这个原因连接起来（图表4-13）。就这样，把"针对原因的假说"和"自身的经验法则"组合起来，得出结论的可能性就出现了。

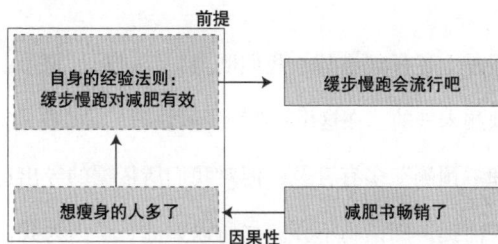

前提

自身的经验法则：缓步慢跑对减肥有效	→ 缓步慢跑会流行吧
↑	
想瘦身的人多了	← 减肥书畅销了

因果性

图表4-13

作为其他的可能性，比如说，我们可以像以下那样进行连接（图表4-14）。

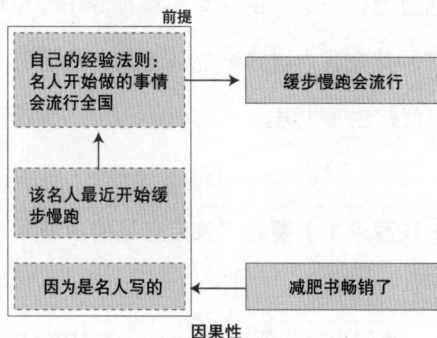

前提

自己的经验法则：名人开始做的事情会流行全国	→ 缓步慢跑会流行
↑	
该名人最近开始缓步慢跑	
因为是名人写的	← 减肥书畅销了

因果性

图表4-14

减肥书畅销，是因为是名人写的

该名人最近开始缓步慢跑

名人开始做的事情，会有在全国流行的倾向

因此，尽管以前没有前例，缓步慢跑还是会流行吧

通过上述仔细描写，我们明白，经过种种思考，人是可以预测未来的。在这里，必须予以注意的是，我们对"现象"和"预测"多有言及，但对我们所依据的导出这个预测的"前提"却语焉不详。之所以如此，是因为我们自己对那个前提就未曾穷追不舍，便更怠于向他人传达了。

在并无适用的经验法则的情况下，无论是自己还是周边的人都容易进入对前提未曾充分理解的误区。对于该预测是通过怎样的思考的联系而被推导出的，也就是推导的前提，首先我们自己要充分理解，然后努力传达给别人以便就此达成共识。

◎【注意点①】要对"来自意见的预测"下点功夫

至此，我们为确认预测这一思考的内侧而探讨了"以

一个事实为起点什么是可以预测的"这个问题，但现实是更为复杂的。现在我们来探讨一下可能发生的情况。

在刚才的例子中，我们是以"减肥书畅销"这一事实为起点来展开预测的，但是也有这样一种情况，我们不是以事实为起点，而是以一种意见为起点来展开预测的，比如说，"健康意识提高了"。

乍一看，在前项所述的逻辑推导的链条中，将"减肥书畅销"置换为"健康意识提高了"，可以认为推导过程依然可以成立，实际上含义已经发生改变。

在预测"因为健康意识提高了，所以认为会兴起玄米热"时，周边的人可能会提出"凭什么判断健康意识提高了"这一问题。

严格来讲，即使是对前项"因为减肥书畅销"我们作为起点的这一事实，"凭什么说减肥书畅销了"这一疑问依然有成立的余地。当然，对此疑问，我们可以通过显示实际的销售额与上月相比有怎样的增长来解决问题，这作为事实的提示就够用了。

另一方面，"健康意识提高了"则不是事实，而是对于发生的现象加以自身解释的"意见"，对该解释加以说明是必要的。

还有，以相当于经验法则的内容作为起点，就会得出"过去健康意识提高了之后，玄米热就会到来"这样的结果，在这里凭什么认定"健康意识提高了"也会成为争论的焦点（图表4-15）。

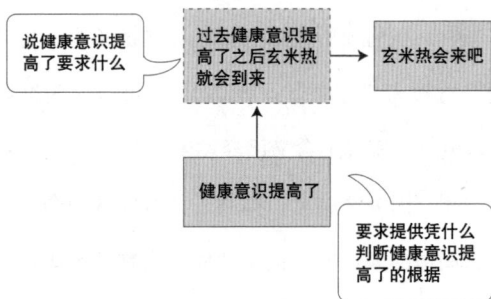

图表4-15

但是，这不是"好""坏"的问题，而只是以事实为起点和以意见为起点对我们进行预测的要求不同。在以事实为起点的情况下，就可以通过提示事实而把议论向前推进；而在以意见为起点的情况下，我们就有可能被要求提供意见的根据。还有，我们要事先理解，适用的经验法则，与其说是以事实为基础的经验法则，不如说是一个更为复杂的经验法则。

还有,在以关联性来进行预测的情况下,也会有同样的要求(图表4-16)。但是,将"减肥书畅销"这一事实重新认定为"健康意识提高了",抽象程度就提高了,因此使其与缓步慢跑相关联的余地反而变大了。

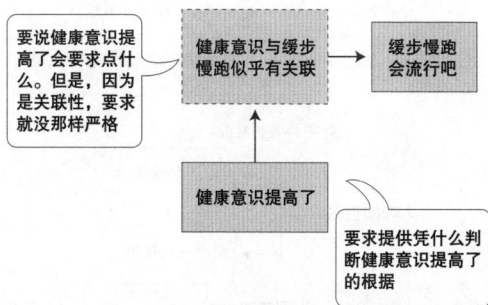

要说健康意识提高了会要求点什么。但是,因为是关联性,要求就没那样严格

健康意识与缓步慢跑似乎有关联

缓步慢跑会流行吧

健康意识提高了

要求提供凭什么判断健康意识提高了的根据

图表4-16

◎【注意点②】因手札不同,预测也不同

此前我们的讨论局限于作为起点的事实是一个的情况,实际问题是,作为起点的事实未必局限于一个。

我们假定,在减肥书畅销这一事实存在的同时,还存在着跑步书畅销这一事实。我们既可以把它们作为两个独立的事实来展开预测，也可以找出减肥书和跑步书之间的共同点，做出健康意识提高了的解释。

我们还可以这样理解，两者之间有因果关系，跑步流行是因为它可以作为减肥的手段。根据如何把握多个事实之间的关系，起点也会变化（图表4-17）。

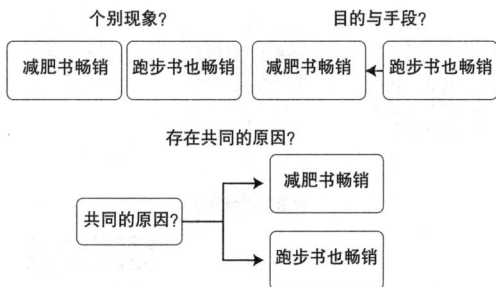

个别现象？

| 减肥书畅销 | 跑步书也畅销 |

目的与手段？

| 减肥书畅销 | ← | 跑步书也畅销 |

存在共同的原因？

共同的原因？ → 减肥书畅销
            → 跑步书也畅销

图表4-17

◎【注意点③】于是，逻辑相互纠缠乱成一团麻

然而，在实际的预测现场，会同时并行发生我们以前也叙述过的以下等情况：

·存在多个事实

·存在多个经验法则

·不知不觉中就掺进自己的经验法则

·对事实之间的关联性没有正确认识

·经验法则的适用范围理应有限度，但限度在何处不明确

·不清楚选取怎样的事实为宜

·不清楚联系怎样的事实思考为宜

如此一来，思考当中的本人，也不能确定自己的预测是用何种逻辑推导而出的，对这一事实，他只能点头称是。思考者本人没有恰当控制自己的思考，而听者也不试图仔细理解，在一片混乱之中就会产生共有前提的想法，这是司空见惯的场景。

◎正因如此，要努力结交思考的"同伙"

正如此前看到的那样，预测这一行为可以通过细致、认真的分解予以说明，但实际上要得出作为预测的结论，是要与多个事实、多个经验法则和多个个人的经验等相

联系的。

这样的话，我们就可以说，为了让周边的人充分理解自己的预测，尽量对自己的思考进行分解是必要的。具体来说，这就要求我们辛勤工作，自己仔细检查下面所列的项目。

〈起点是什么？是否贴切〉

· 成为起点的事实是什么

· 事实是一个还是多个

· 在是多个的情况下，是否正确确定了它们之间的关联性

〈预测的方向〉

· 以事实为起点，预测的是过去、现在抑或未来

· 如果是对现在的预测，以何种关联性为根基予以扩展

· 如果是对过去的预测，能否选定因果并予以验证

· 如果是对未来的预测，是应用经验法则还是关联性进行思考

说起来，预测的难点在于没有标准答案。因思考方法的不同而有种种可能性，不经过一段时间再看，就无法做出是否正确的判断。

重要的是，要弄清楚自己是经过怎样的过程而做出这一预测的，同时要打下能够和对手复盘该过程的基础。换句话说的话，要结交同伙，对他的要求是和你在思考过程上达成一致并说出"确实可以那样思考啊"的话来。

〈与对手是否契合〉

　·是否混进了自己的任意的经验法则

　·是否满足经验法则可以适用的条件

提高"假说"精确度的当务之急

◎寻找条理分明的起点

为了建立更为完善的假说，推导出假说的过程就显得
尤为重要，但是假说的起点也是非常重要的。

应从平日里司空见惯的风景之中，恰当地拾取事实。
应从平日里司空见惯的风景之中，恰当地拾取发生变化
的事实。

提高对事实的敏感度，不让它在司空见惯的风景之中
随风而逝是重要的。

补充一点，应试着思考认识的各个事实之间的关联性，
并试着思考把各个事实以稍有不同的组合联系起来的情

况，此点非常重要，务必牢记于心。

进一步讲，搜寻不是每天都能看到的事实，在获得新契机的意义上是重要的。应积极搜集本部门以外的情报，应积极搜集本公司以外的情报，应积极把握本行业乃至社会整体发生的现象和变化。

◎不要拘泥于"正确"，而要以"形成循环"为本

最后一点，不要为建立"正确的假说"而花费不必要的精力，这点也很重要。如前所述，建立假说本来就是一种有难度的行为。还有，在环境变化的意义上，我们已经进入了一个过去的经验几乎毫无意义的新时代，这个事实不容忽视。因此，只要能建立大致自圆其说的假说，就应以此为基础并付诸行动。

如此行事，其理由有二：

一个理由是，反复细致探讨的危害。在用于探讨的时间的流逝之中，有环境本身发生变化，假说的前提因变化而不再有效。如此一来，不仅原来的探讨毫无意义，花费的时间也丧失了用在其他方面的可能性。

另一个理由是，发起行动的好处。即使基于粗糙假说的行动结果不能取得预期效果，我们也不能忽视从其中获得的经验以及不实践就永远无法真正明白的事实（图表4-18）。

相比于细致探讨后的一次行动，基于粗糙预测的二次循环行动，有可能最终的成果精确度更高。

以预测为基础行动

【此前】

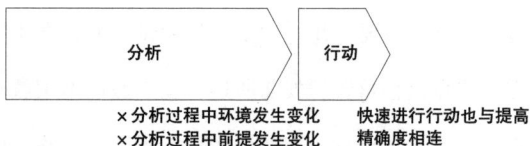

×分析过程中环境发生变化   快速进行行动也与提高
×分析过程中前提发生变化   精确度相连

【此后】

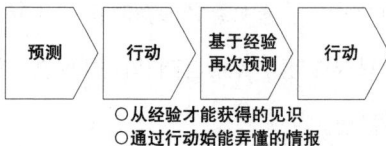

○从经验才能获得的见识
○通过行动始能弄懂的情报

图表4-17

第4章　小结 >>

·假说之中，有现在、过去和未来三个方向。

・面向过去的假说就是选定因果。要用相关、时期以及是否可以进行定性的说明三个视角来选定。

・面向未来的假说就是预测。理解、传达以什么为起点来预测什么并结交同伙。

・将形成循环置于比假说的正确性更优先的地位。

第5章

"选择"这个大问题
——最终如何决断为宜?

在思考中选择

◎〈故事〉尽管明白，却无法决断

今村先生在一家寿险公司工作，担任客户服务中心的课长。有一天，手下的课员因某位客户投诉的事要找他谈谈，他接受了。

课员："今村先生，前几天有个客户申领保险金，抱怨说我们的申领程序太难懂了。邮件往返多达三次，真是烦人。他希望一次搞定，我们怎么办呢？"

今村："是这样啊，确实给他添麻烦了。在不知道能不能支付的时候，要求他提供种种材料，反而给他添了麻烦。这事情挺棘手啊。"

课员："您说得对。不过因为其他客户也有类似的声音，公司难道不能探讨一下如何改善我们的保险金申领流程吗？"

今村："我当然想这样做，不过障碍重重啊，这是个'决策的问题'。事务中心和销售都会卷入其中，而他们都会有各自的意见啊。在某种程度上，这可以说是无法决定的难题啊。"

课员："……（这个事情不是今村能决定的啊）"

◎判断自己是否在逃避抉择

如果是商务人士的话，对开会都多有体验。今日会议的议题是，为提高业绩是采用 A 方案还是 B 方案。经过 1 个小时的讨论之后：

"究竟采用哪个方案，是个'决策'的问题。下面，我们让课长来决定。"

您也有遭遇这种情景的经验吧。

确实如此。"选择"这一行为正是"决策"的问题。如何进行决断，换句话说，这是询问决断依据的行为。

尽管如此，却常常发生这样的事情：放弃关键的选择、停止思考或者是通过委托某位别的决策者来回避选择。如何决策为宜？我们在本章就来谈谈"选择"这个话题。

◎所谓选择，是基于判断标准的决断

因为昨夜喝多了抑或是什么其他缘故，次日有点睡过头了的那个早晨——是出去吃早餐还是为避免迟到而不吃了呢？下一步，去公司的话，是坐平日里总坐的站站停的慢车从容地一路坐着去呢，还是坐"直达快车"去呢？平安到达公司，急需处理的文件就纷至沓来。心想还是出席本来预定上午召开的会议为好，但转念又想是真的应该出席吗？也许可以说，我们的日常生活就这样处于连续的选择之中。

那么，就让我们来看一下，在种种的状况之中，是什么决定了我们做出判断。比如下面的情况：

- "吃早餐还是不吃"，问的是营养和时间哪个优先的问题。
- "坐大站停的快车还是坐站站停的慢车"，问的是一路坐着（保存体力）和时间哪个优先的问题。
- "出席会议还是不出席"，问的是应对急需处理的文件和出席会议获得的情报哪个优先的问题。

如此看来，为了进行选择，某种判断标准通常是必要的。于是，这个"判断标准"是什么正是关键所在。

◎达成有说服力的选择的三要件

那么，我们是否可以说，只要明确确立判断标准，就可以具有说服力而让对方接受呢？答案是，仅仅这样还不足以达到那个效果。

提议 A 方案时，也可能接到来自别人的质疑——"B 方案不是更好吗？"评价本身是否恰当这一点，也有必要事前充分考虑。

还有更糟糕的情况，就选 A 方案和 B 方案的问题，我们基于明确的判断标准提议选择 A 方案时，有人会提出你们"此外考虑过 C 方案吗？"这就意味着，成为被选择根源的选项本身是否恰当，也是要在事前深思熟虑的。

因此，在选择中，应该留意的有：

1. 判断标准是否妥当

2. 评价是否妥当

3. 选项是否妥当

以上三点是我们应该在选择前问自己的问题（图表 5-1）。

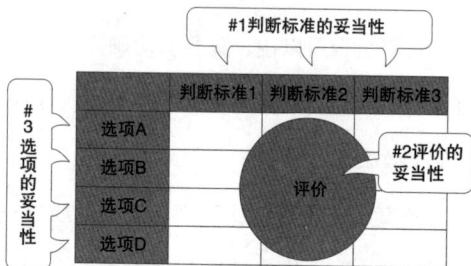

图表5-1

分析"选择"的思考过程

◎〈故事〉选择"廉价版"和"高级版"中的哪个正确呢?

C公司是一家制造工业用精密机械的企业。它面临着制造新产品的课题,这就要在"廉价版"和"高级版"中做出选择的判断,是去掉现有产品中的部分机能开发前者呢?还是继续增加机能而开发后者呢?

"廉价版"市场规模大,也有发展余地,但由于竞争对手也会注目于此,所以可以想见激烈竞争将导致价格进一步下降。

另一方面,与"廉价版"相比,"高级版"的市场规模小,发展余地也不大;但由于技术门槛高,所以可以预计竞争对手参与也会少。

开发部长唐木先生要求该部开发课课长飞田先生就此发表意见。

唐木："飞田先生，关于这次的新产品，你认为我们开发'廉价版'和'高级版'中的哪个比较好呢？"

飞田："难以回答啊。'廉价版'的话，可以期待有大的发展空间，但竞争对手也会介入；'高级版'的话，尽管不用担心竞争对手的介入，但难说市场会有大的增长。"

唐木："话是这样说，但你究竟认为哪个好呢？"

飞田："我想是根据情况吧。竞争对手的介入构成威胁的情况下，开发高级版；不构成威胁的情况下，开发廉价版。"

唐木："……（嗯，等于还是没回答啊）"

◎判断标准就是思考什么是比"一网打尽"更重要的标准

那么，首先，我们就来对判断标准做一番思考。

作为通俗易懂的例子，我们假定要新买一台个人电脑替换目前所用的。备选聚焦于 X 公司和 Y 公司的这两种产品。最后选择哪个，需要一个判断标准。价格是个需要考虑的因素，此外处理速度和设计也是重要因素。

因此，这里的判断标准有三个：价格、速度和设计。

因为是你进行选择，所以要仔细考虑用这三个标准是否恰当，此外还有没有需要考虑的标准，如果没有特别在意的标准的话，就可以用这三个标准来评价。

要选出判断标准，就是这样，要从"淘出"工作着手。

那么，我们来看下面的例子。

假定旨在提高生产效率措施有 X 和 Y 两个方案。思考判断标准的话，一番点检的结果可能是，"费用""效果""劳力""可行性"这几个因素。

然而，可能会出现这种情况，那就是，根据经过一番点检而选出的标准来判断，X 方案和 Y 方案并没大的差别，依然难以选择。此时，重要的就是，要寻找新的标准。

比如说，我们也许有重视即时效果就选择 X 方案的思考方法，它也有从组织运转的角度的考虑，当然也是因为想迅速看到成果并获得成功。或者，我们还可以有这样的选择，因为 Y 方案与 X 方案相比，来自团队成员的支持率比较高，便从重视团队一体感的角度而选择 Y 方案。两个选择都是以新的判断标准为基础进行的,前者是即时效果,后者是团队一体感。

　　非常重要的是,事先将重要的标准进行一次梳理,在此基础上,再看看是否应该添加新的观察角度,这才是头脑的正确使用方法(图表5-2)。提醒、判断自己是否已将标准无一遗漏地考虑到位,尽管方法多多,但要严格做到标准无一遗漏,确实是难为之事。

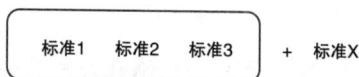

图表5-2

　　因此,就找出判断标准而言,我们还是应该如此使用头脑:先掌握好普遍适用的判断标准,比如说,交货日期、质量和价格等,然后再考虑是否有应该添加的新角度。

◎商务中应该考虑的是"对方的判断标准"

　　我们试着确定做出"是让孩子上公立小学呢,还是让他上私立小学呢"这一选择的判断标准。也许会出现以下情况:因为你有在公立小学受教育成长的经验,就把"友人多不多，上学是否快乐"作为重要的标准；而你的爱人是私立学校出身，就对"哪个对升学有利，哪个学习环境好"更加重视。

或者，我们来想想进行"是否举家迁往乡下"选择的情景。你会认为"有没有收入的期许、通勤是否方便和能否乐享闲暇"重要；而你爱人则把"时间是否充裕、能否保证与友人的交流和能否得到文化熏陶"作为重要的判断标准；对孩子而言，"转学是否会成为负担、在哪边上学更好和交友关系哪边更好"似乎会成为判断标准。

正如我们描述的那样，在选择时，在与该选择相关的人有不止一人的情况下，判断标准就多样化了。在自己一个人选择就能了事的情况下，仔细玩味自己重视什么就行了，但在相关者不止一人的情况下，就产生了也要考虑对手以及其他相关者的判断标准的必要。

下面我们来试着考察一下日常组织中的工作。自不待言，必须用自己的判断标准来决定事情的情形不少，但只要在组织中工作，就不能忽视与他人的关系。退一步讲，即使是个人创业，仅靠自己一个人也做不成什么事，有时候还是需要与他人合作。

如此一来，在诸多情况下，我们在选择的过程中，就有必要同时考虑他人的判断标准。

从组织这一角度来思考的话，至少职位和部门的判断标准有异。你重视的判断标准和上司重视的判断标准是不一样的。

· 仅仅看提案 A 当然是这样，但如果和比邻团队的提案 B 的对比的话……诸如此类管辖业务范围的不同

· 对你来说也许是这样，考虑 C 君的话……诸如此类管辖的人的不同

· 依据来自过去的经验，如何如何……依据将来要实行的，又如何如何……诸如此类时间范围的不同

上述的各种不同在根底里是存在的。

还有，因为组织是以个人最优化配置为目标而被设计的，所属的组织不同，其重视的判断标准也不同。不管哪个公司都或多或少存在的"生产对销售"的构图，都没有必要再加以说明了吧。

在商务的选择中，必须采用他人的标准的情形非常

多。也就是说，我们必须深切地意识到，不管自己或者本部门不可动摇的标准是什么，仅仅靠这个，事情就无法得到进展。

◎要确认是否有"占支配地位的标准"

我们假定，从东京到福冈去，是坐飞机好呢，还是坐新干线好呢。在前一节中我们讲到过，在这种情况下要做出选择，我们首先对判断标准要做一番梳理，比如说：

· 哪个便宜（费用）

· 哪个快（时间）

· 哪个线路多（变通、有弹性）

· 哪个在旅途中也能工作（效率）

在这里，我们来考虑一下标准的权重。平等对待这些标准的情况当然也是有的，但多数情况下，标准之间的权重是有差异的。

比如说，如果是在"必须三小时后到达目的地"的状况下，第二个标准"时间"就成为重要的标准；如果是在"出发时间无法确定"的状况下，第三个标准"弹性"就成为重要的标准。

如果进而出现"由于台风临近，希望出行有确定性"的情况，那么没有出现在上述"梳理列表"中的"哪个可以确保出行"（确定性）这个标准就要被加上，该标准就会对选择产生大的影响。换句话说，在第一个例子中，时间是占支配地位的标准；在第二个例子中，弹性是占支配地位的标准；在第三个例子中，确定性是占支配地位的标准。

因此，在"淘出"判断标准后，应该仔细确认并提前掌握的是以下两点：

· 所有标准的权重是否相等
· 是否有占支配地位的标准（该标准对选择影响巨大）

根据情况，有时候也存在这样的标准，即使植入其他标准，也必须满足该标准。如此一来，即使有其他的候补标准，是否满足该标准就规定了选择自身。

因此，首先要了解是否有占支配地位的标准。这个占支配地位的标准有时候也被称为"前提""制约条件"或者"淘汰系数"。

◎领导者应在"刨根问底"后选择

我们再来回顾一下刚才的"是坐飞机还是坐新干线"问题。

根据在东京哪里、去福冈何处评价也会有变化，但我们假定到东京站和到羽田机场的距离相等，则：

"新干线用时五小时"对"飞机用时两小时"

在此情况下，新干线与飞机的差异，大致来说，费时间的便宜，省时间的贵。我们可以说选择归根结底要在金钱和时间之间进行。

至此我们是按照"在梳理判断标准的基础上进行选择"的流程思考的，思考到最后往往是标准 X 和标准 Y 到底哪个优先这样的构图：

重视安全这个标准的话，应该选 A

重视利润最大化这个标准的话，应该选 B

重视普遍接受的话，应该选 A

重视独具特色的话，应该选 B

重视实际成果的话，应该选 A

重视新颖性的话，应该选 B

　　我们要事先思考到这个程度：在举出多个判断标准的基础上，要仔细看透最终"哪种标准"对"哪种标准"是否成为选择的十字路口？这很重要（图表5-3）。进而在此之前重要的一步是，应该把相互冲突的两个标准中的哪个置于优先地位，就此说出自己的理由并得出结论。

	标准1	标准2	标准3	标准4	标准5
方案A	○	◎	△	○	△
方案B	○	△	◎	○	△

图表5-3

这就要求回答"应该将判断标准中的哪个置于优先地位的问题",也就是"判断标准的选择"问题。而为了做出这个选择,则要求另有一个标准的标准,它是"为选择判断标准而设立的标准"。

因为有再增加判断标准的必要,难度就更上一个台阶。尽管如此,这个判断标准的选择,正是最后的决断问题。在此状况下,能否在有说服力的理由下进行选择,就成为有更高职位的人的责任,在这里只要赋予理由,思考的力度就一下子变强了。在"刨根问底"之后选择哪个,领导应该对此赋予理由。

◎综合评价可视化是关键

正如前述,一方面,既有刨根问底之后确认到底重视哪个标准而进行选择的情况;另一方面,也有因为要考虑多个标准之间的平衡,而无法仅靠专注于一个因素就进行选择的情况。

在此情况下,还有一种做法,就是用三分满分制及五分满分制对各个评定标准予以分别评价,用综合得分来评价其优劣。但是，这个方式需要注意"权重"问题。像图表5-4那样，比如说，将标准1的权重加倍的话，结论就变了。

在综合评价这一行为时，还残留着难点，那就是，如果"权重的妥当性"和"评价数值本身的妥当性"这两点没有说服力，周边的人就会提出"不是太随意了吗"和"不管怎样做判断最后不是都会变吗"的疑问。

	标准1	标准2	标准3	合计	选择
方案A	3	1	2	6	
方案B	1	3	3	7	选用
方案C	2	1	3	6	

	标准1	标准2	标准3	合计	选择
方案A	3×2	1	2	9	选用
方案B	1×2	3	3	8	
方案C	2×2	1	3	8	

图表5-4

但是，要说综合评价就完全无法进行，我们的回答是，也没有这样的事。

我们来想象一下相反的例子吧。

比如说，我们假定得出了下面的结论，"我们在梳理了多个判断标准之后，最后发现应该重视的是标准1，仅仅对照标准1，思考哪个最合适的结果，认为选择方案1合适"。听者的头脑中，一定有"仅仅靠标准1就行了吗"的疑问。

还有一个事实，那就是，越是重要的选择，仅仅依靠单一的标准进行选择，就越是感到恐惧。还有，一旦确定仅仅依靠单一标准进行选择，就不限于如果不牺牲"成本"与"质量""功能"与"设计"等我们通常认为相反的要素中的一方就无法选择的情况。

如此一来，所谓综合的评价，与其说是"在选项齐备后再进行评价"，还不如说，是在预先就提示了想重视的判断标准的舞台上进行评价更为恰当。

比如说，也有这样的案例，在大规模的设计比赛中，会在征集提案的要求上明确提示评价的标准。

也就是说，我们可以考虑遵循这样的程序，事先就明确进行评价的要素＝传达希望对方重视什么。为综合评价而选定的标准，与其说是为了选择，不如说是在为了事前进行牵制的意义上而被使用的，也许我们考虑到有这种情况为好。

还要补充重要的一点，那就是评价的"透明性"。为哪个项目赋予多少权重，这正是"决断"的问题。就权重的安排能够"赋予理由"且切实掌握其根据，以及以明白的形式使实际评价的过程透明化，都很重要。

提高选择的"精度"

◎〈故事〉是否应该停止电视广告

Z公司是一家生产工业半导体的企业。为提高本公司产品的品牌价值，公司标榜"品牌价值经营"。为提高品牌价值，广告部部长村上先生展开电视广告，为了让Z公司作为半导体制造商为世人所知而竭精弹力，恰在此时，电视广告作为议题上了经营会议。

财务部部长："为了实施品牌价值经营，广告部正在进行电视广告，而来年企划部也计划在世界各地参加展销会。因为整体的预算没有增加，所以展销会和电视广告的预算必须进行调整，大家对此有何意见？"

企划部部长："广告部正在为公司做电视广告，我个人也觉得提高品牌价值很有必要，但感觉花了不少成本，却怎么也判断不出效果。我想如果来年预算没有增加的话，是不是把电视广告的费用削减一下为好？"

村上部长："电视广告开始还不到一年，这本来对提高品牌价值就是不可或缺的。经营会议也承认这是需要关照的刚刚开始的事情，我想我们没有理由在这里颠覆经营会议原来的判断。再说，已经投资了3亿日元，如果现在停止，那3亿日元岂不是打了水漂。因为展销会而造成的预算增加的部分，不能在企划部内部消化吗？"

企划部长："我部门如果不增加预算而按照原来的预算运转，营业额就会裹足不前，甚至预计有下降3%左右的可能。"

财务部长："太为难了啊。因为社长说过'来年的整体预算与本年相等'啊。"

◎现状与变更——跨越不变的优势

到此为止，我们考察了在 A 和 B 中选择哪个的情况，现在我们来考察一下"是否买新的信号机以代替旧的"这种"Yes or No"型的选择。

很快我们就将判断标准梳理如下：

· 通信速度
· 新功能
· 设 计
· 费 用

与旧东西相比，新品大抵在性能等方面具有"升级换代"的倾向，因此换句话说，如何决断，就成了思考"通信速度＋新功能＋设计"比以新代旧所产生的费用是否更有价值的问题。

不过，与此前所见的"是选 A 还是选 B"这种状况不同，就是有个"现状"存在。如果是选 A 还是选 B 这种情况的话，因为有必须选其中一个这一前提，所以确立判断标准单纯决定就好，而在"现状"和"变更"这种选择中，因为有"现状"存在，情况就变得略显复杂。

之所以这样说，是因为人们有想逃避变化的倾向。换句话说，因为人容易想维持现状，所以在探讨是否该买新代旧时，如果决定买新代旧，头脑中就会产生下面的公式：

变化的好处（通信速度＋新功能＋设计）

＞变化的坏处（费用）＋不变的好处

从中可以看出，保持现状的惰性在起着强烈的作用。具体来说，不变的好处，比如说，无须移动数据、操作惯了等，无意识地飘荡在脑际，看起来这些似乎很重要。

因此，变化的好处必须超越不变的好处＝保持原状也可以使用的状况，这就对摆脱所谓现状所需的能量提出了很高的要求。

然而，如果说有不变的好处，也就有不变的坏处。因此，确实认识"变的好处""不变的好处""变的坏处"和"不变的坏处"，就成为我们决断的起点。

变的好处：通信速度、新功能和设计

不变的坏处：故障多

变的坏处：成本

不变的好处：无须转存数据、操作容易

仔细思考这四个方面，将"变的好处＋不变的坏处"

与"变的坏处＋不变的好处"相比较来判断的话，就会容易思考了吧。

◎用"好处·坏处"思考的"效用"与"弊害"

此前我们以选择中判断标准是重要的这一观点为基础进行考察，"好处是什么""坏处是什么"是大家耳熟能详的标准。在这里，我们先来整理一下"用好处·坏处思考"本身的好处·坏处。

在"用好处·坏处思考"中，大致来说有两个好处：

1. 有普适性（不管处于何种状况，可使用的可能性高）
2. 容易理解·容易思考（好处＝好的事情、坏处＝不好的事情）

另一方面，"用好处·坏处思考"的坏处，在于容易缺乏具体性。好处·坏处这种思考方法的方向性虽然展示给了我们，而对于具体来讲好处是什么、坏处又是什么，却成了必须进一步思考的问题。

比如说，对于"是否应该戒烟"这个问题，我们就能把判断标准置于"好处·坏处"的范畴中。另一方面，当我们接下来思考"戒烟的好处是什么"之时，就必须思考具体的内容了。

若如此，我们抛出诸如对健康哪里好、在精神层面哪里好和费用可以节约几何诸如此类的具体的判断标准，也是一个解决办法。

不是"用好处·坏处思考的结果，决定戒烟"，而是"在健康方面、精神方面和费用方面考察的结果，决定戒烟"。

结果，判断标准不止一个，到底用哪个比较容易思考呢（是否能顺畅思考）？思考深入吗（能具体思考到细节吗）？对于这些问题，还是根据状况，从适当的地方开始思考吧。

假如是在像健康方面、精神方面和费用方面那样的判断标准明确的情况下，那么直接使用这些也没关系，但在无法设想是什么样的轴的情况下，试着用更宽泛的好处·坏处法开始思考也很重要。

这样，在以"好处·坏处"为判断标准之际，不要止于将两者进行梳理，而是要确实判断，好处是否超过坏处，也就是说，是"好处＞坏处"还是"好处＜坏处"。

◎请选择容易思考的判断标准

我们再来看一下刚才所举的是否买信号机以新换旧的例子。

梳理以后，我们发现可以将判断标准整理为以下六个：

- 是否满足硬件的要求
- 是否满足软件的要求
- 运用方面·支持方面有无问题
- 设计是否科学
- 追加成本是否很高
- 用户评价是否良好

另一方面，最后一项客户的评价，是对其他五项分别的感受。

如果上面的说法成立，对于这五项标准，我们就可以用客观事实（Specification）和客户的评价这两个参数将它们编织进来。

　　·是否满足硬件的要求？事实是？/用户的评价

　　·是否满足软件的要求？事实是？/用户的评价

　　·运用方面·支持方面有无问题？事实是？/用户的评价

　　·设计是否科学？事实是？/用户的评价

　　·追加成本是否很高？事实是？/用户的评价

　　还有，如果把阶层代入其中，还可以整理如下：

事实如何？硬件/软件/应用/设计/成本

用户评价如何？硬件/软件/应用/设计/成本

你的评价如何？硬件/软件/应用/设计/成本

　　前者是纯粹的梳理评价轴结构；与此相对，后者则是掌握事实并做出自己的评价的形式，也可以认为是提出了做出评价的流程。

如果以2阶层来看的话，结果也是一样，这个方法也和好处·坏处方法一样，根据是否想意识到标准再思考和是否想切实遵循流程（顺序），来选择容易思考的判断标准。

◎从难以直接比较的选项中也可以进行选择

那么，最后我们来探讨一下"应该去哪里旅行"这个问题。

"很久以前就想去上高地（位于日本长野县的自然景观旅游胜地）。不过，去京都进行古都散步也不错。那么，到底去哪一个呢？"像这样事先就有想去的候选地的情况下，就像我们此前叙述过的那样，先仔细思考用什么作为判断标准，然后再进行选择。

另一方面，也有没有特别的候选地的情况。在这种情况下，首先在思考去哪里时，为梳理候选地（选项）而必须提出：

·决定"何时"去

・决定（停留）多长"时间"

・决定花费多少"费用"

・以及明确本来的"目的"

诸如此类的前提条件。

・对于"何时"以及"停留时间"，决定利用九月的
　连休，三日两晚

・至于"费用"，因为是三日两晚，定为10万日元

・"目的"就是能放松

　　然后，我们据此把似乎能起到放松作用的候选地列表，再以哪个地方能更符合目的（能起放松作用）决定，这个流程就能使我们得到希望的（候选地）顺序。

　　然而，实际上我们往往是先选择符合"何时""停留期间""费用"这些条件的候选地，然后再植入判断标准进行选择的。如此一来，那时的判断标准就未必是"能够放松"，反而被选项牵着鼻子走，成了"选上高地就可以登山""选京都就可以散步"这样的二选一，进而成了判

断是"登山"还是"散步"。

也就是说，有这样的情况，不是先有判断标准，而是从选项中衍生出来的判断标准。

还有，关于"何时""停留时间"也有其他选项：

利用九月份的连休停留三日两晚是一个想法，还可以利用暑假的一周停留七日六晚。

关于"费用"也是一样：

尽管想控制在10万日元以内，但要是能休假一周的话，可以咬咬牙控制在30万日元以内。

如此一来，结果就是也会有必须考虑"上高地"对"夏威夷"这样的选择的情况。常常有这样的例子，曾经是为选出备选项目的条件，现在不再是条件，结果就不再是比较相同的东西，而是必须从前提有异的两个选项中进行选择。

因此，在这里重要的是，在理解也有前提或条件也许不再是前提的情况的基础上，认识到可能有的不再是在同一前提下被梳理出来的选项间的选择（在刚才的例子中，是上高地对京都），而是从前提不一致的选项中进行的选择（在刚才的例子中，是上高地对夏威夷）。此点重要，务请牢记。

也就是说，即使是从条件有异的选项中进行选择，自己重新定义判断用的标准再进行选择是必要的。

◎对商务必要的"自圆其说的"选择

我们最后再来看一种选择类型，该类型的特点是，在起初没有选项的状态之中梳理出选项，然后才进行选择。商务本身就属于此类型。

相较于单单植入判断标准就可以直接进行选择的案例，先是要求思考什么能成为选项的案例可以说是更为常见。

1. 首先自己确认前提或者制约条件，然后梳理出选项

2. 在此基础上，思考应该如何评价选项，自己设定恰

当的判断标准

3.对照判断标准，进行选择

4.将选择的结果作为自己的结论，向组织提案

"我认为选择 A 为宜。我如此思考的前提是○○○，也曾思考过代替方案 B 和 C。选择 A 的理由是，重视×××。"

要使自己能够独立完成"梳理出选项""决定判断标准""选择"乃至"提案"这一连串动作，并将关于选择的论点网罗殆尽。

◎该选择作为故事是否妥当

我们此前已经谈过，所谓选择就是植入判断标准以后进行决断，和以此理解为前提如何设定判断标准为好，以及对什么样的点必须予以关注。

在本章的末尾，我们来预先确认一下选择作为故事的妥当性这一点。

是否更换信号机

是坐新干线还是乘飞机

是否搬家

　　上述题材我们都探讨过，这些都是"做什么呢"这样的和行动相关的选择。如此一来，选择的结果就成了"做A吧"这样的提案。为了让这个提案具有说服力，就要像本章开头部分说过的那样，让以下三点具有说服力是重要的：

　　·选项的妥当性（在A方案的妥当性之外，还要加上应该被讨论的相对的方案是否被仔细网罗殆尽）

　　·判断标准的妥当性（是否梳理出了合理的判断标准）

　　·评价的妥当性（评价自身是否合理）

　　另一方面，针对"做A吧"这一提案，如果选项·判断标准·评价妥当的话，一旦要想得到别人的理解，就有可能被进一步要求两个要素。

·"最初为什么必须做A"此类对"预备工程"的理解

·"具体来讲，怎么做A"这种"善后工程"的具体执行方案

本来叙述的是正确的结论，却没有说服力。造成这种状况的原因有时候在于对其前后的故事没有正确的认识或者理解。

·是否充分获得了对背景的理解

·是否对具体性有充分的理解

要留意以上两点，并使自己具有总览一连串流程、故事的视野，这些都要牢记于心（图表5-5）。

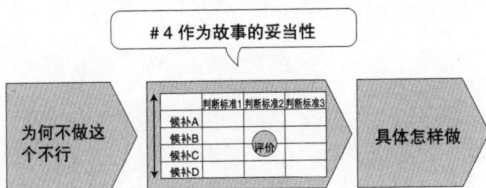

图表5-5

- 为作出有说服力的选择需要3个妥当性（判断标准·选项·评价）
- "刨根问底"后的选择正是领导的工作
- 要为"自己实现闭环"的选择而努力

第6章

让我们从"逻辑地"开始吧

意识到分析、评价、假说和选择，就会变得有逻辑吧

◎分析的根据——仔细表述

正像我们在第1章中考察的那样，所谓"逻辑的"，也就是为自己想说的东西（主张）赋予有说服力的根据。

在本章中，以这个理解为基础，以"想说的东西（主张）会成为什么，其根据会被要求什么"为出发点，对第2章起之后各章所探讨的"分析""评价""假说"和"选择"诸论题予以再整理。

首先是"分析"这一论题。

分析的根本是"分解"。它是这样一种努力：试图通过将看得见的现象予以精确的分解来正确判断此后会发生什么。为达此目的，就要试图用种种切入点来分解现象并

进行观察。

一旦进行分析，为了将现象细分，就成了对事实进行细分化的作业，但现象作为事实传达事实的本质却没有改变。

也就是说，此后的"评价""假说"和"选择"对事实予以某种解释、附加了某种判断，分析中却没有此类东西。因此，慎重表述发生了什么就成为最重要的事情。

斗胆说的话，追加"为何进行该分解的理由"或者"看不到主张以外的倾向这一事实"，是与加强主张联系在一起的。

◎主张发生了什么 = 分解以后，慎重地传达事实是重要的

〈对根据必要之物〉

· 以该切入点进行分解的理由

· 看不到主张以外的倾向等

◎评价的根据——意识到比较对象和评价标准

接下来整理"评价"。

评价，是为了找出被评价事物的意义，而这就需要比较对象。正因如此，就需要准确描述把什么作为其比较对象，而该比较对象的妥当性就自然会被要求。根据情况，有时候也需要提供与该对象比较的理由。

于是，因为最终要做出"是好是坏"的评价，就要求确切展示判断其是好是坏的理由。

◎主张是判断其好还是坏

〈对根据必要之物〉

· 是与什么比较

· 为什么将其作为比较对象

· 为什么判断其好 / 坏的理由等

◎ 假说的根据——因"过去""现在"和"未来"而变化

关于假说，我们将其分为三个类型进行了思考：面向现在的假说（类推）、面向过去的假说（因果）和面向未来的假说（预测）。

所谓面向现在的假说（类推），是从发生的事实出发来思考同样的现象是否会发生。因此，就从现在发生的事实中将类似现象单独切割出来建立假说。

◎ 主张表现发生了什么

〈对根据必要之物〉

· 现在发生的事情

· 现在发生的事情和根据假说可能会发生的事情之间的类似性等

所谓面向过去的假说（因果），就是将现在的事情为何会发生也就是相当于其原因的现象作为假说而选定。因此，把哪种现象作为候选予以列举以及为何在诸多现象之中将此现象选定为原因，都是需要回答的问题。

◎主张表现成为现在发生的现象原因的现象

〈对根据必要之物〉

·把哪种现象作为候选予以列举

·为什么在诸多现象之中将此现象选定为原因

·用被选定为原因的现象能够充分现在发生的现象的事实等

关于面向未来的假说（预测），正如我们在第4章叙述过的那样，在"没有人清楚确实会变成怎样"的意义上是没有标准答案的，本来就是一种难为之事。因此，仔细展示自身预想的事实是如何从现在发生的现象中推导出来的，就显得非常重要。

◎主张能否从现在发生的现象预测出将会发生何种现象

〈对根据必要之物〉

· 应当说明，主张中的现象为何会从现在发生的现象中产生（有怎样的经验法则以及可预料的关联性）等。

◎**选择的根据——把选择过程透明化**

选择是从多个选项中选择一个选项的行为。

因此，就要求选择过程的透明化：考虑都有何种选项？为什么限定只有这些选项？考虑有何种判断标准？为什么选定这些判断标准？以及在这些判断标准中哪个标准优先？如何用判断标准进行评价？

◎**主张做什么**

〈对根据必要之物〉

· 考虑都有何种选项

- 为什么限定只有这些选项

- 考虑有何种判断标准

- 为什么选定这些判断标准

- 在这些判断标准中哪个标准优先

- 如何用判断标准进行评价

"优雅的"逻辑思维

◎奠定"逻辑"的基础

那么，我们来回头看一下此前探讨过的问题。

在第1章中，我们谈到了"要有逻辑"的目的。有了逻辑，就可以让别人迅速、准确地理解自己的想法，在此基础上通过听取更好的意见，取得更好的成果是最终目的。为了达此目的，能够正确地议论是非常重要的，而为了奠定正确进行议论的基础，我们在第2章到第5章之中，探讨了在"分析""评价""假说"和"选择"这些思考的"操作步骤"中各自的要点和需要留意之处。然后，我们以主张与根据为切入点，确认了对"分析""评价""假说"和"选择"这些思考的"操作步骤"而言各自何者是必要的，这构成了此前谈论的主要内容。仅就要点予以整理的话，

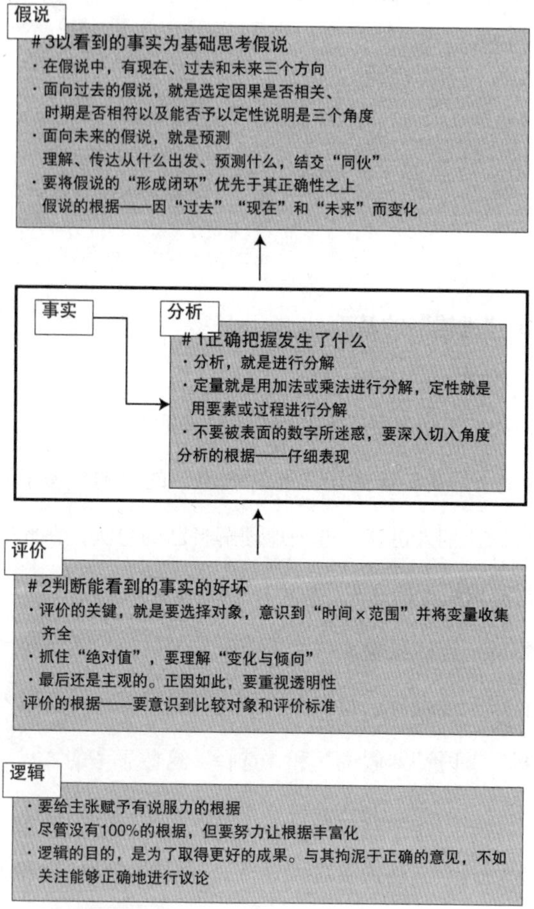

假说

#3 以看到的事实为基础思考假说
・在假说中，有现在、过去和未来三个方向
・面向过去的假说，就是选定因果是否相关、
  时期是否相符以及能否予以定性说明是三个角度
・面向未来的假说，就是预测
  理解、传达从什么出发、预测什么，结交"同伙"
・要将假说的"形成闭环"优先于其正确性之上
  假说的根据——因"过去""现在"和"未来"而变化

事实　　分析

#1 正确把握发生了什么
・分析，就是进行分解
・定量就是用加法或乘法进行分解，定性就是
  用要素或过程进行分解
・不要被表面的数字所迷惑，要深入切入角度
  分析的根据——仔细表现

评价

#2 判断能看到的事实的好坏
・评价的关键，就是要选择对象，意识到"时间×范围"并将变量收集
  齐全
・抓住"绝对值"，要理解"变化与倾向"
・最后还是主观的。正因如此，要重视透明性
  评价的根据——要意识到比较对象和评价标准

逻辑

・要给主张赋予有说服力的根据
・尽管没有100%的根据，但要努力让根据丰富化
・逻辑的目的，是为了取得更好的成果。与其拘泥于正确的意见，不如
  关注能够正确地进行议论

图表6-1

> **选择**
>
> \# 4选择做什么
> ·为进行有说服力的选择，有必要确保三个妥当性：判断标准、选项和评价
> ·"刨根问底"后的选择正是领导的工作
> ·要使自己能够进行"实现闭环"的选择
> 选择的根据——选择过程透明化

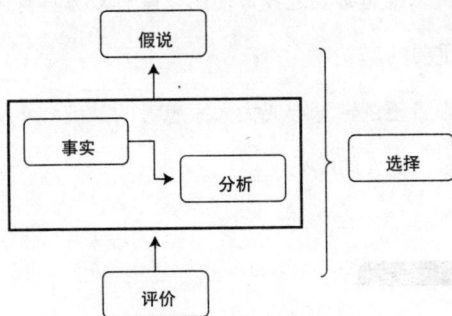

图表2-1（再次刊登）

就如图表6-1所示。

思考如何做时，或者是为了将自己目前的思考客观化，都可以花点时间将其作为地图参考。然后您自己一定要重新画图，通过添加奠定自己的"逻辑"的基础。

◎让我们放弃错误的努力，选择"优雅的"逻辑思维

最后希望指出的是，逻辑思维既不是攻击他人的手段，也不是自我防御的工具。

对于促进相互间的恰当理解、推进有建设性的意见交流，逻辑思维是必要之物，使用之际，双方具有风度是比什么都重要的。

衷心希望逻辑思维成为大家思考的基础，并从组织中产生更多、更大的成果。

第6章 小结 >>

·根据分析、评价、假说和选择的不同，努力使根据

丰富化的方向也不同

· 要建立"逻辑"的基础

· 要将与成果相连的"优雅的"逻辑思维牢记于心

后记

在诸多领域，逻辑思维不时也以"批判性思维"的名头被谈及。与"逻辑"给人的印象相表里，批判的（Critical）往往容易被理解为攻击对方的意思，但批判的对象实际是自己的思考。只要稍微能够对事物客观视之，对它的理解就会深化，同时在交流中传达自己观点的难度就会大幅度降低，这正是本书写作的背景。

自信本书内容没有大的错误，但在文字表述上能够以更有逻辑、更简洁的方式表达的地方一定为数不少。另外，为了强调简洁，难免有失周全。尽管有以上所述的不完美之处，但是另一方面，本书也包含着笔者通过与诸多商务人士的实际接触而看到的倾向和在此交流中获得对方认可的观点。设若本书能对读者诸君有些许裨益，笔者将感到喜不自胜。

我对逻辑有个"有点偏颇"的认识。在第1章"逻辑是为了什么"那一小标题下也曾谈到过，逻辑不是自大的武器，也不是攻击他人的工具，它理应是加深对组织和同伴信赖的利器，理应是提高与更多成果相连的基础法宝。如果本书能够传达笔者这个愿望，我会感到万分荣幸。

　　对参与和本书内容相关讨论的数千商务人士，对为本书的刊行提供各种帮助的 PHP 研究所的池口祥司氏、宫肋崇广氏，对在思考这一领域持续给我启迪的吉田素文氏，对帮助我对家庭中的逻辑思维进行考察的妻子和儿子，我要统一说声谢谢，并就此搁笔。

冈重文